María Luisa Palmero Colado

Demonstrationstafeln für die Kleintierpraxis
Katzen

Deutsche Übersetzung
Dr. med. vet. Catharina Brandes, Gmund am Tegernsee

schlütersche

Bibliografische Information der Deutschen Nationalbibliothek
Die Deutsche Nationalbibliothek verzeichnet diese Publikation in der Deutschen Nationalbibliografie; detaillierte bibliografische Daten sind im Internet über https://dnb.de abrufbar.

ISBN 978-3-8426-0063-8 (print)
ISBN 978-3-8426-0064-5 (PDF)

Autorin
María Luisa Palmero Colado

Illustratoren
Jacob Gragera Artal
Paula Marco Peinado

Titel der Originalausgabe: Pet owner educational atlas – Cats. 2nd edition. ISBN 978-84-18498-26-8.

Projektleitung und Lektorat: Dr. Simone Bellair, Hannover
Satz, Layout und Umschlaggestaltung: Sandra Knauer Satz · Layout · Service, Garbsen
Druck und Bindung: Drukarnia ABEDIK Sp. z o.o., PL-Bydgoszcz

Inhaltsverzeichnis

Vorwort

Seit ihrer Veröffentlichung benutze ich die 1. Ausgabe dieser Demonstrationstafeln täglich in meiner Praxis. Den Tierbesitzern zu ermöglichen, die Krankheit ihrer Katze bildlich zu erfassen und vor allem zu verstehen, erwies sich als unerlässlich. Damit kann ich den Tierhaltern Erklärungen zu allen Bereichen liefern, von neuen Diagnoseverfahren bis hin zu den möglichen Behandlungen ihres Haustiers.

Warum eine Neuauflage? Die Katzenmedizin verändert sich ständig. Aus diesem Grund war es wichtig, die Demonstrationstafeln entsprechend zu aktualisieren. Die aktuelle 2. Ausgabe enthält neue Leitlinien für die Beurteilung akuter und chronischer Schmerzen, die wichtig sind, um den Patienten in der Praxis oder in der Klinik zu überwachen und den Tierbesitzer anzuleiten, Schmerzen zu Hause zu erkennen. Die Urologie ist ein besonders wichtiges Gebiet in der Katzenmedizin, und wir haben neues Material hinzugefügt, um die Behandlung von Harnleiterobstruktionen mit neuen Verfahren wie SUB (subkutaner Harnleiterbypass) zu erläutern.

Die Kapitel über Zahnmedizin decken im Großen und Ganzen Parodontitis und Zahnresorption ab, die mehr als 60 % der Katzen betreffen, die wir in unserer Praxis sehen. Darüber hinaus haben wir neue Schaubilder zum Body Condition Score und zum Muskelmasse-Index aufgenommen.

Kurz gesagt, dieses Update macht die 2. Ausgabe der Demonstrationstafeln zu einem unverzichtbaren Werkzeug in der täglichen tierärztlichen Praxis.

Ich hoffe, sie unterstützen Sie ebenso, wie sie mir geholfen haben!

María Luisa Palmero
Director of the Gattos Hospital, Madrid, Spain
AVEPA-accredited in Feline Medicine
Specialist in Endoscopy and Minimally Invasive Surgery (SpecEaMIS)

1.1 Skelett der Katze

Bindegewebige und knorpelige Knochenverbindungen, echte Gelenke

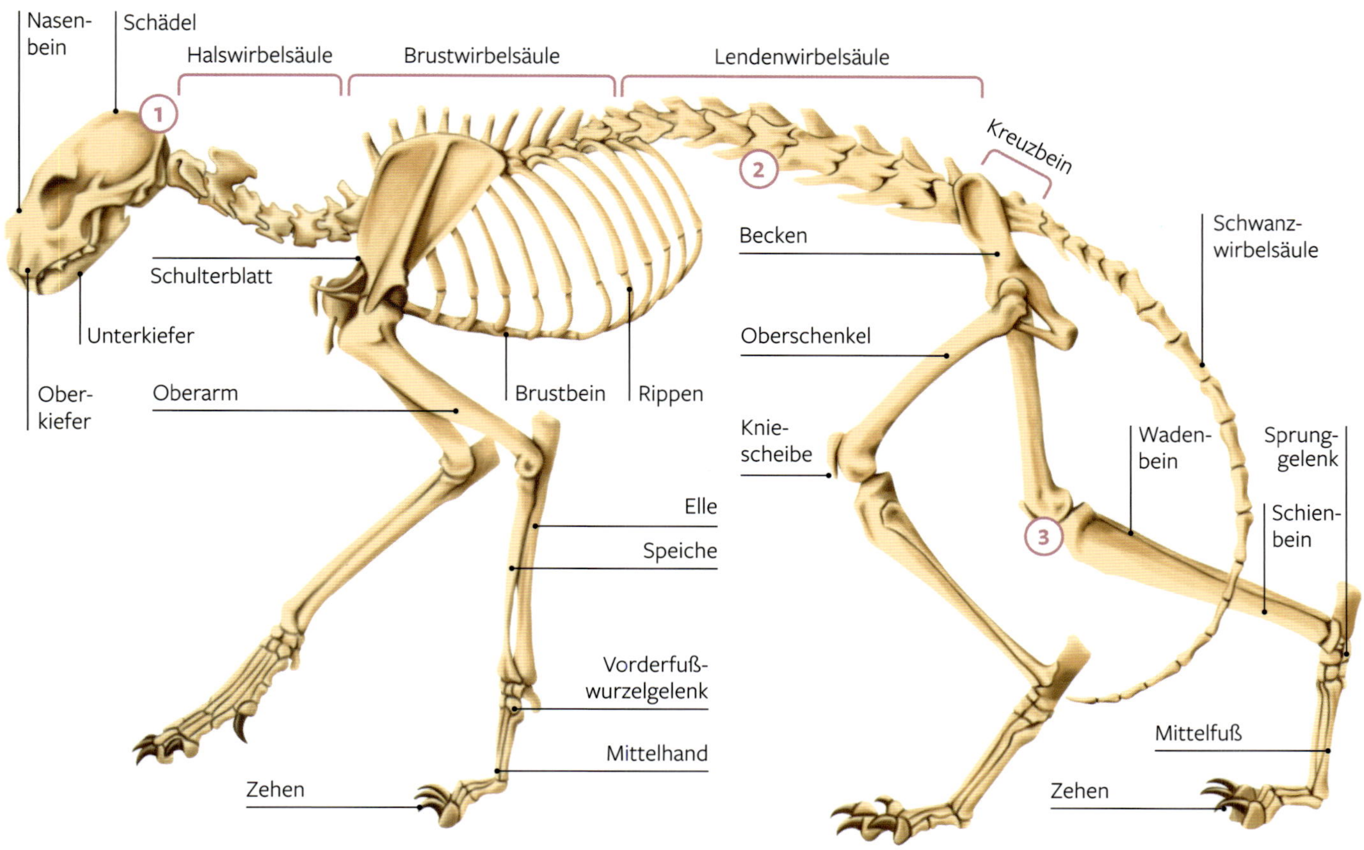

① **Bindegewebige Knochenverbindung** (Schädelnähte)

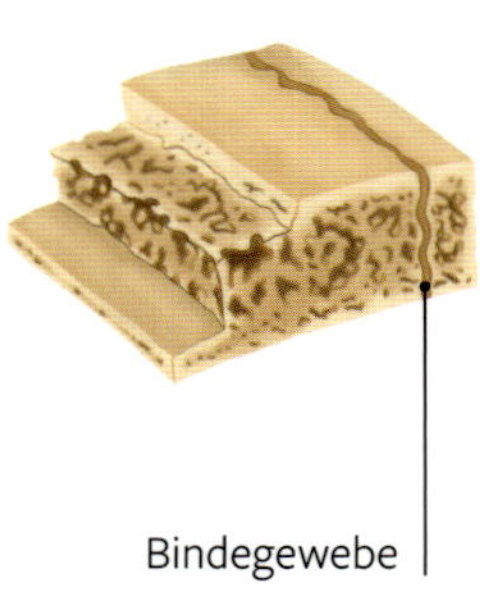

② **Knorpelige Knochenverbindung** (Zwischenwirbelgelenke)

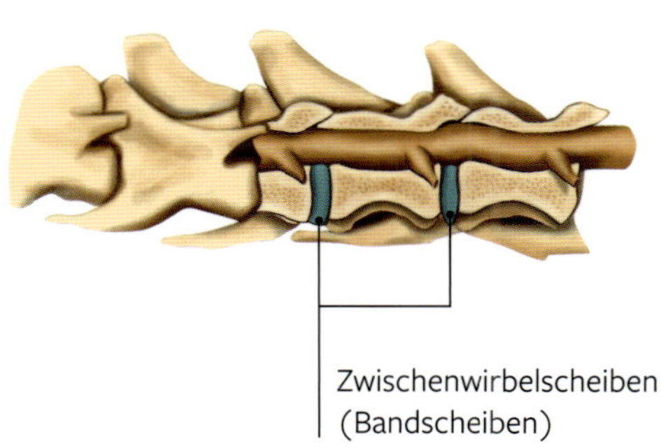

③ **Echtes (synoviales) Gelenk** (Knie-, Ellenbogen-, Schulter-, Hüftgelenk etc.)

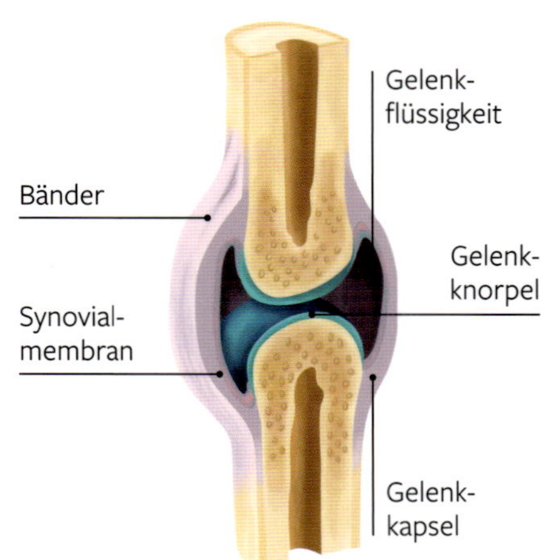

1.2 Muskulatur der Katze

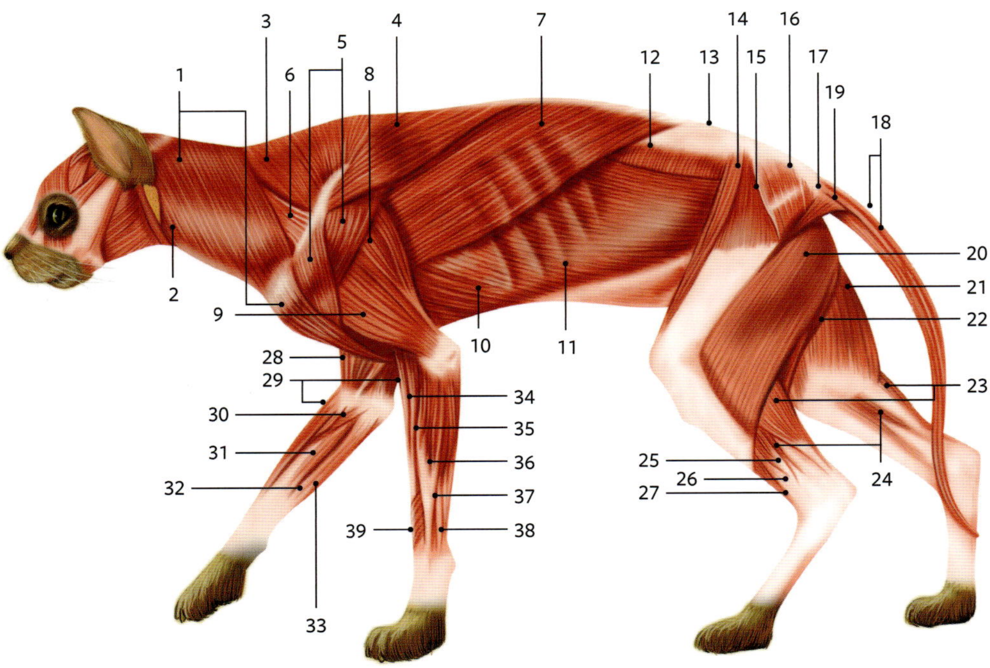

1. M. brachiocephalicus (cleidocephalicus und cleidobrachialis)
2. M. sternocephalicus
3. M. trapezius (Pars cervicalis)
4. M. trapezius (Pars thoracalis)
5. M. deltoideus
6. M. omotransversarius
7. M. latissimus dorsi
8. M. triceps brachii (Caput longum)
9. M. triceps brachii (Caput laterale)
10. M. pectoralis profundus
11. M. abdominis obliquus externus
12. M. abdominis obliquus internus
13. Fascia thoracolumbalis
14. M. sartorius
15. M. tensor fasciae latae
16. M. gluteus medius
17. M. gluteus superficialis
18. Kreuzbein-Schwanz-Muskulatur (sakrokaudale Muskeln)
19. Schwanz-Oberschenkel-Muskulatur (kaudofemorale Muskeln)
20. M. biceps femoris
21. M. semimembranosus
22. M. semitendinosus
23. M. gastrocnemius
24. M. flexor digitalis profundus
25. M. flexor digitalis lateralis
26. M. peroneus longus
27. M. tibialis cranialis
28. M. biceps brachii
29. M. brachioradialis
30. M. pronator teres
31. M. extensor carpi radialis
32. M. flexor carpi radialis
33. M. flexor digitalis superficialis
34. M. extensor carpi radialis
35. M. extensor digitorum communis
36. M. extensor digitorum lateralis
37. M. extensor carpi ulnaris
38. M. flexor carpi ulnaris
39. M. abductor digiti

Gesichtsmuskulatur

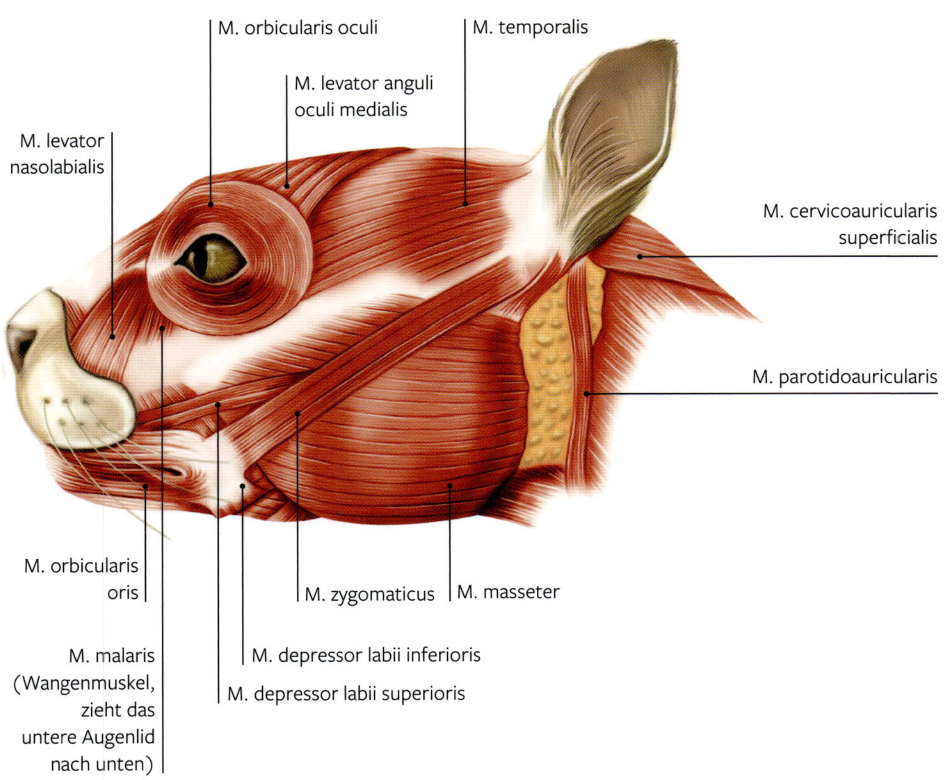

1.3 Bauchorgane der Katze

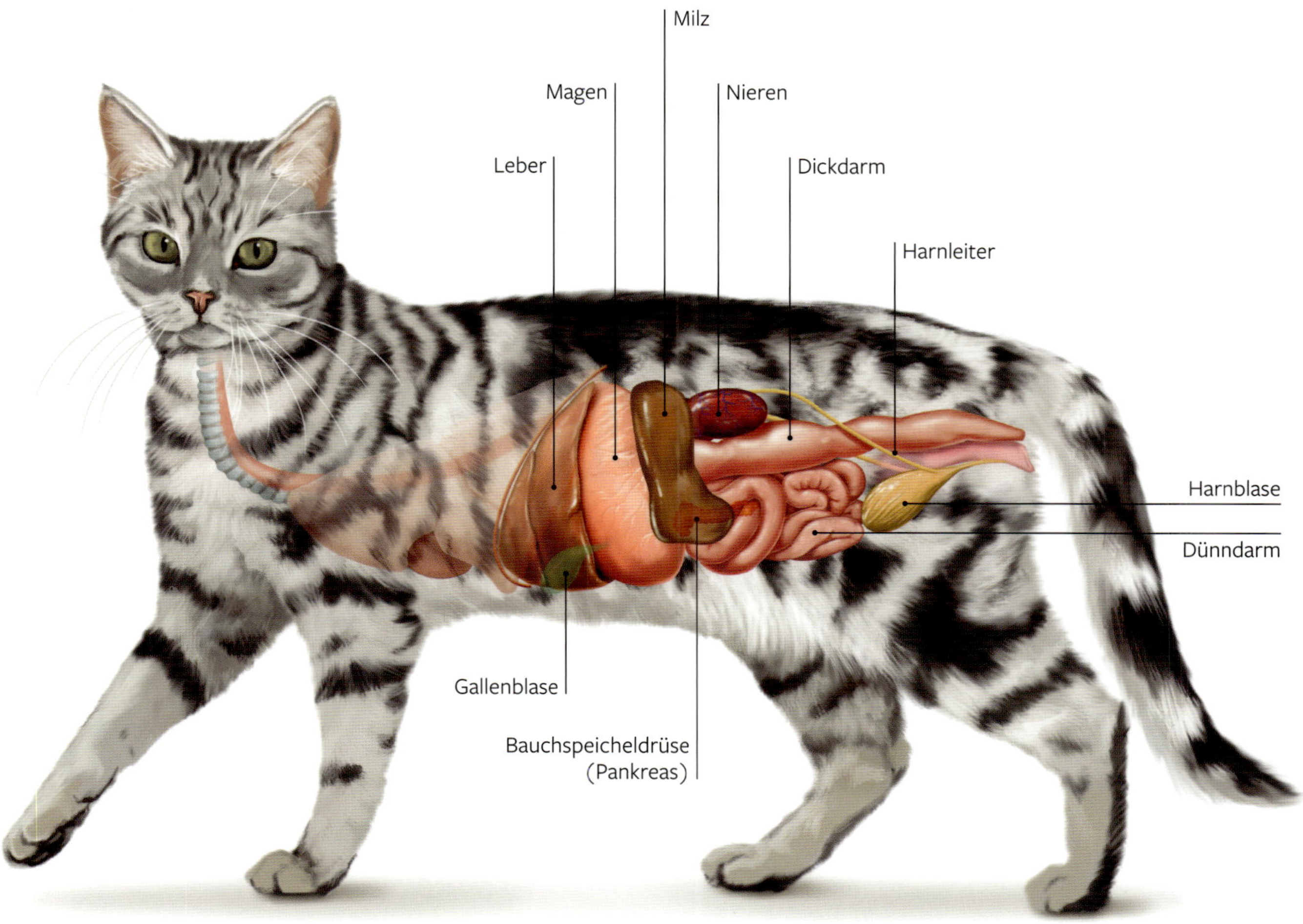

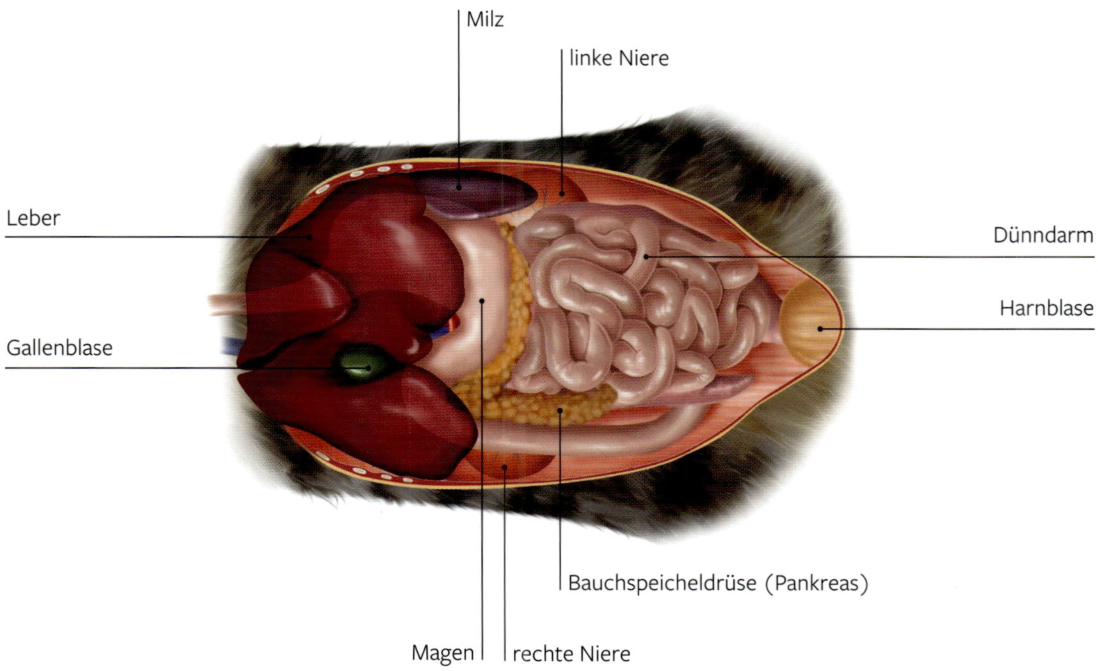

1.4 Kardiorespiratorisches System

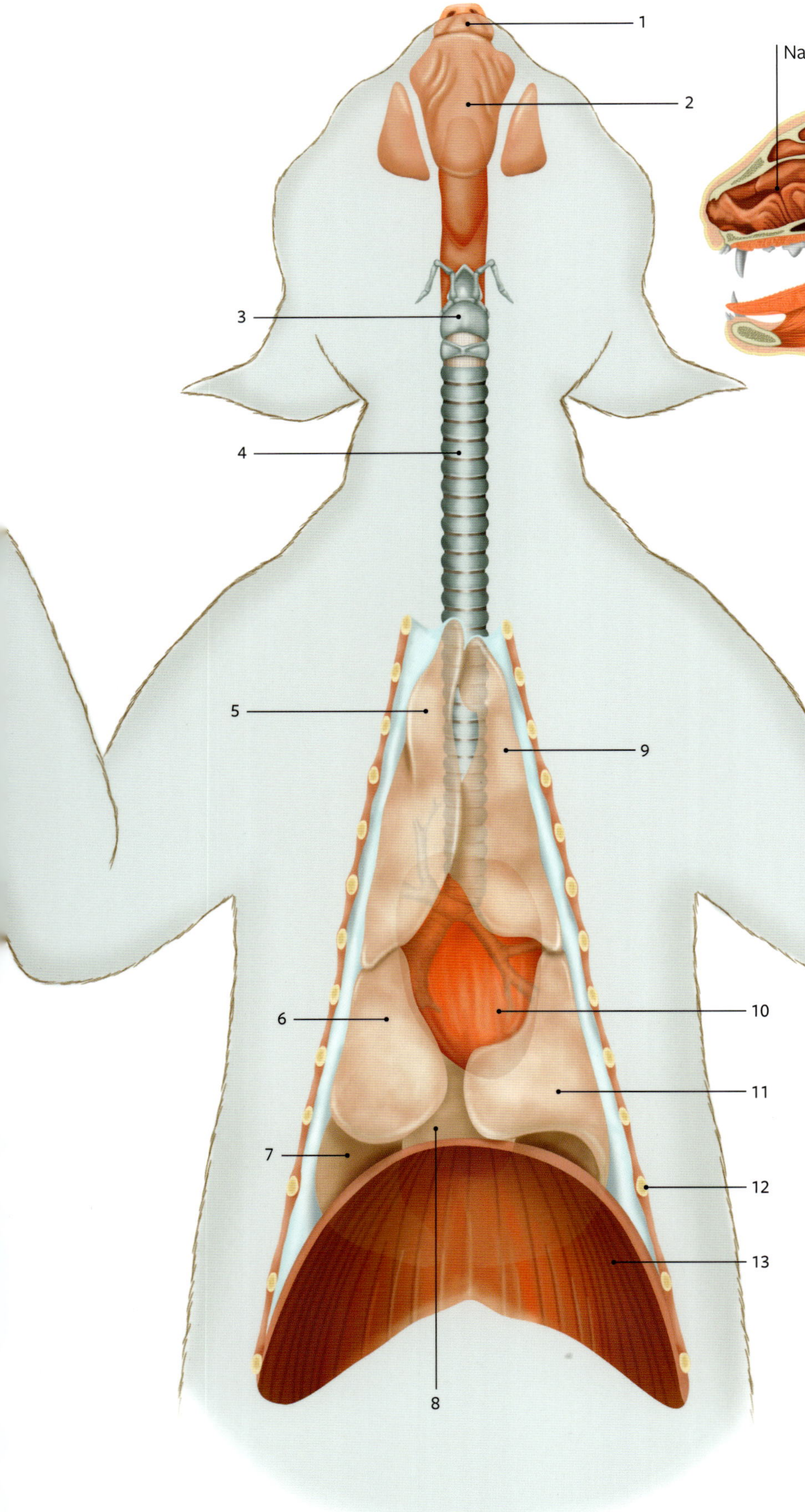

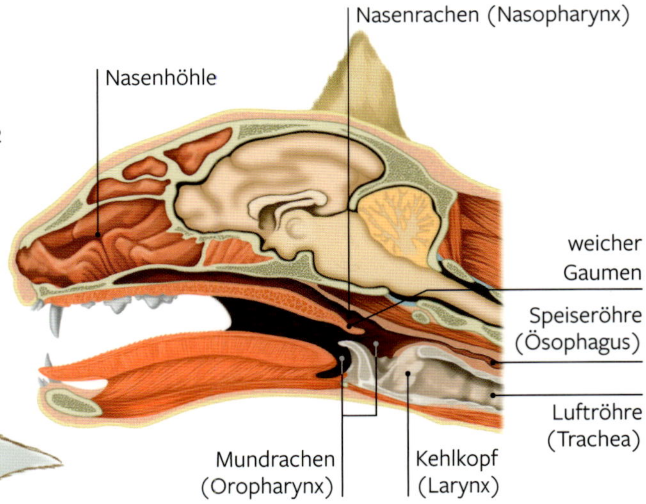

Blutkreislauf

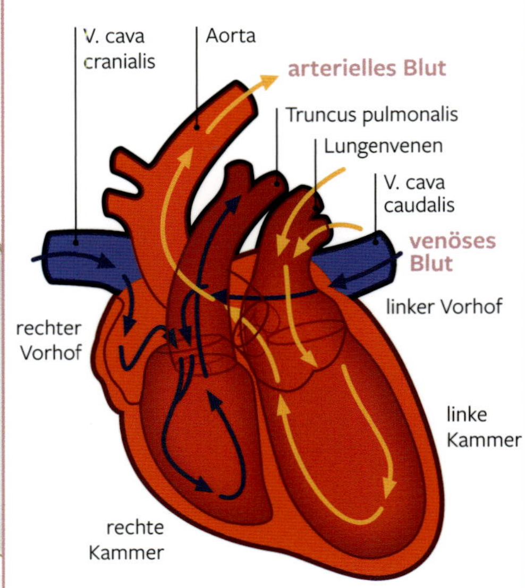

1. Nase
2. Nasenhöhle
3. Kehlkopf
4. Luftröhre
5. rechte Lunge, vorderer Lappen
6. rechte Lunge, mittlerer Lappen
7. rechte Lunge, hinterer Lappen
8. rechte Lunge, akzessorischer Lappen
9. linke Lunge, vorderer Lappen
10. Herz
11. linke Lunge, hinterer Lappen
12. Rippen
13. Zwerchfell

1.5 Body Condition Score und Muskelmasse-Index

Body Condition Score

1, 2 Extrem dünn	3, 4 Dünn	5 Optimal	6, 7 Übergewicht	8, 9 Fettleibig
■ Rippen sichtbar ■ kein Bauchfett ■ Wirbel sichtbar	■ Rippen sehr leicht palpierbar ■ kein Bauchfett ■ Wirbel leicht palpierbar	■ gut proportioniert mit mäßigem Bauchfett ■ gerade Silhouette, Bauch nicht hervorstehend	■ Rippen nicht leicht palpierbar ■ erkennbares Bauchfett ■ Wirbel schwierig palpierbar ■ rundliche Silhouette	■ Rippen nicht palpierbar ■ reichlich Bauchfett ■ Wirbel kaum palpierbar ■ sehr rundliche Silhouette

Muskelmasse-Index*

- Eine Katze kann übergewichtig sein und trotzdem eine reduzierte Muskelmasse aufgrund von Arthrose und Ernährungsmängeln aufweisen, oder sie kann über einen geringen Body Condition Score, aber eine gute Muskelmasse aufgrund hoher körperlicher Aktivität verfügen. Daher ist es wichtig, beide Faktoren zu berücksichtigen.
- Sarkopenie (generalisierte Reduktion der Muskelmasse) verursacht Schwäche.
- Ein Verlust von Muskelmasse in einer Muskelgruppe weist auf eine Gelenkerkrankung hin.
- Die Behandlung umfasst eine Ernährungsumstellung, Analgesie und Rehabilitation.

Normale Muskelmasse — Geringgradige Muskelatrophie — Mittelgradige Muskelatrophie — Hochgradige Muskelatrophie

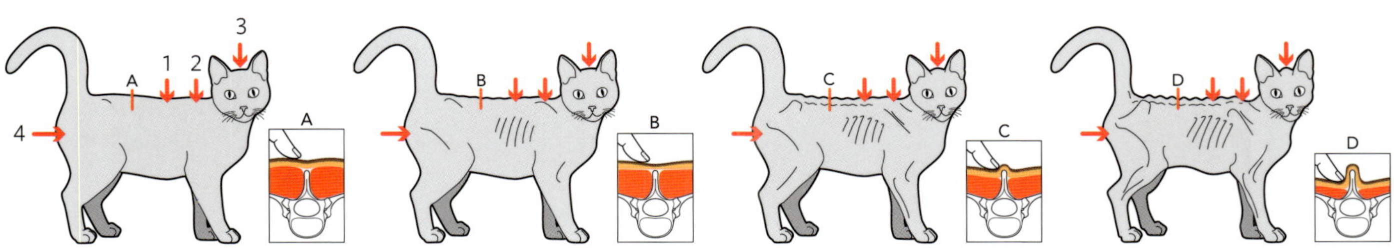

Tastpunkte:

1. Wirbelsäule
2. Schulterblatt
3. Schädel
4. Sitzbeinhöcker

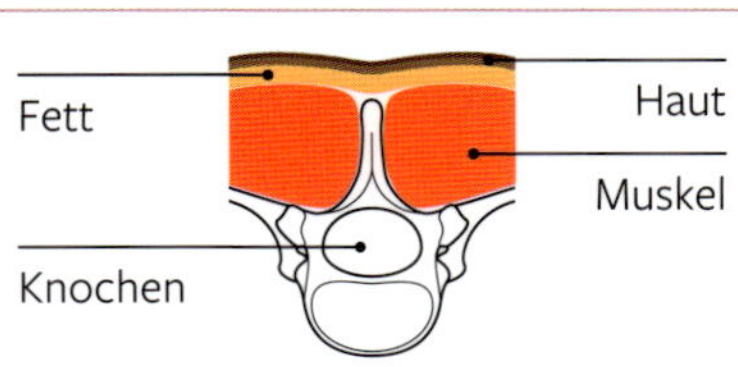

* Basierend auf dem „Muscle Condition Score" (WSAVA) entwickelt von der Tufts University, 2013.

1.6 Schmerzskala entsprechend des Gesichtsausdrucks (Mimik-Skala, Feline Grimace Scale)

Die Feline Grimace Scale ermöglicht die Erkennung akuter Schmerzen bei Katzen, einschließlich der Katzen, die mit Acepromazin/Buprenorphin sediert wurden und sich von der Narkose erholen. Die Skala basiert auf einer 2020 durchgeführten Studie.*

0 = kein Schmerz erkennbar	1 = mäßiger Schmerz erkennbar	2 = deutlicher Schmerz erkennbar
 Ohren nach vorne	 Ohren leicht zur Seite geneigt	 Ohren flach zur Seite
 rundliche Augen	 Augen leicht geschlossen	 Augen zusammengekniffen
 Schnurrhaare nach unten gebogen	 Schnurrhaare gerade oder nach oben gebogen	 Schnurrhaare gerade und gespreizt
 entspannte Schnauze (rund)	 Schnauze leicht angespannt	 angespannte Schnauze (ellipsenförmig)

Verwendung der Skala

Es werden 4 Gesichtsbereiche untersucht: Ohren, Augen, Schnurrhaare und Wangen. Jeder Gesichtsbereich ist in 0, 1 oder 2 einzuteilen und der Gesamtscore ist zu ermitteln:

- Score < 4: kein Schmerz erkennbar
- Score ≥ 4: sofortige Schmerztherapie erforderlich
- Score 8: starker Schmerz

Die Katze sollte wiederholt untersucht werden, um die Wirksamkeit der Schmerztherapie zu erfassen.

Score 0 (kein Schmerz):

- Ohren nach vorne gestellt
- gerundete Augen
- entspannte Schnauze (rund)
- Schnurrhaare nach unten gebogen

Score 1 (mäßiger Schmerz):

- Ohren leicht zur Seite gezogen
- Augen etwas geschlossen
- Schnauze leicht angespannt
- Schnurrhaare gerade oder nach oben gebogen

Score 2 (starker Schmerz):

- Ohren abgeflacht
- zusammengekniffene Augen
- angespannte Schnauze (ellipsenförmig)
- Schnurrhaare gerade und gespreizt

* Evangelista MC, Benito de la Víbora J, Monteiro BP, Watanabe R, Doodnaught G, Pang DS, Steagall PV [2020]: Clinical applicability of the Feline Grimace Scale: Real-time versus image scoring and the influence of sedation and surgery. PeerJ. 8. e8967. DOI 10.7717/peerj.8967

2.1 Arthrose (Osteoarthritis)

Degenerative Gelenkerkrankung

Eine Arthrose kann unbemerkt bleiben, wenn ihre Symptome eher dem Alter zugeschrieben werden als schmerzenden Gelenken. Die am stärksten betroffenen Gelenke sind Hüfte und Ellenbogen. Man findet eine Arthrose sehr häufig in mehreren Gelenken bei demselben Tier.

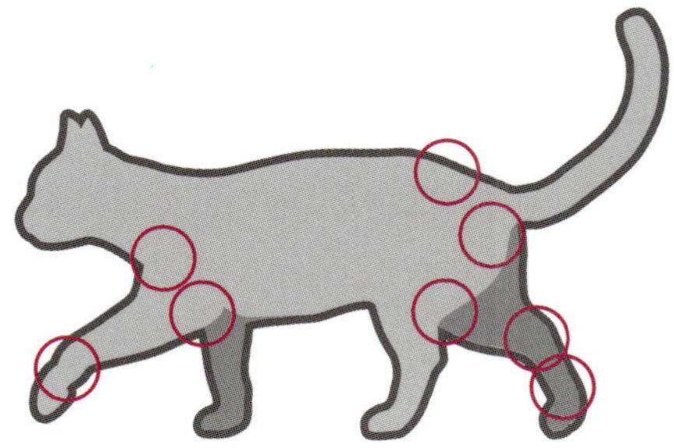

90 % der Katzen über 12 Jahren weisen Anzeichen einer Gelenkdegeneration auf.

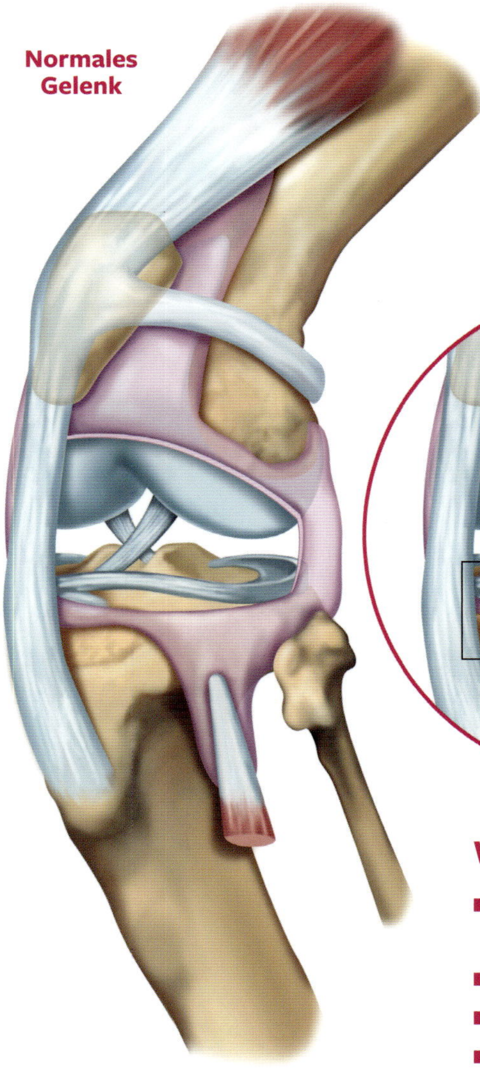

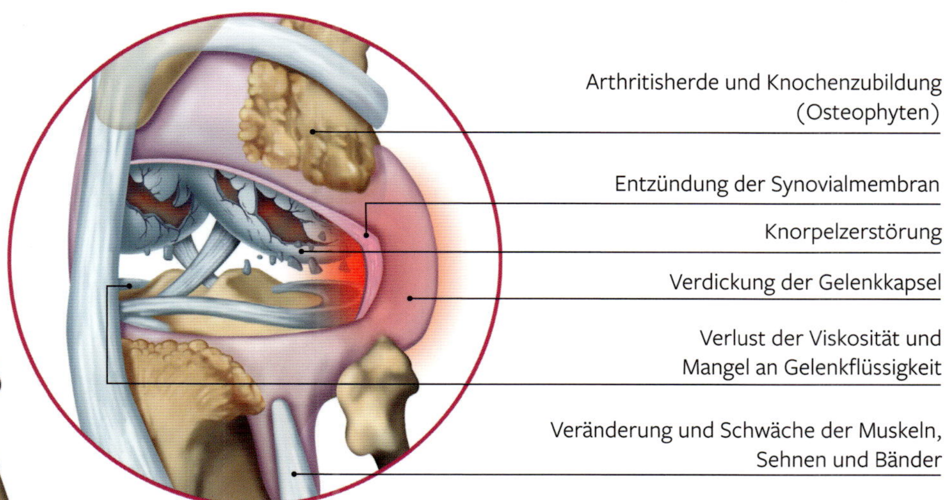

Was der Tierhalter sieht

- Die Katze springt nicht auf höhere Ebenen/Gegenstände, oder sie benutzt Zwischenstufen dafür.
- Sie zögert beim Herunterspringen.
- Sie spielt nicht regelmäßig.
- Sie möchte nicht mehr gebürstet oder auf dem Arm gehalten werden.
- häufigeres Miauen
- verminderte Fellpflege

Konservative Therapie

- multimodale Schmerztherapie
- Rehabilitation
- monoklonale Antikörper-Therapie mit Anti-NGF (Nerve Growth Factor)

Diätetische Maßnahmen

Umstellung der Ernährung auf Futter, das mit Glukosaminglykanen und essenziellen Fettsäuren angereichert ist.

Empfehlungen

- Vorbeugung von Übergewicht
- Anpassung der Umgebung, um die Mobilität zu erleichtern und den Zugang zu Lieblingsplätzen zu ermöglichen

2.2 Erkennen von Schmerzen

Katzen zeigen als Reaktion auf Gelenkschmerzen eher Verhaltensänderungen als Lahmheit. Eine kürzlich durchgeführte Studie ergab, dass die untenstehenden Fragen während der Anamnese bei der Erkennung von Arthrose zum Erfolg führen (mit einer Sensitivität von 99 % und einer Spezifität von 100 %).*

Springt die Katze normal nach oben?

Wenn die Katze zögert, bevor sie auf einen Platz springt, bei dem es vorher kein Problem gab, ist dies ein Anzeichen für Schmerz.

Springt die Katze normal nach unten?

Wenn sich die Katze nach vorne lehnt, um den Abstand zum Boden zu verringern, ist dies ein Anzeichen von Schmerz.

Rennt die Katze normal?

Läuft die Katze normal die Treppe hinauf und hinunter?

Spielt die Katze mit Gegenständen wie sonst auch?

Interpretation der Antworten

Falls eine der Antworten „Nein“ lautet, sollten eine Gelenkuntersuchung und Röntgenaufnahmen erfolgen, um das von Arthrose betroffene Gelenk zu lokalisieren.

* Enomoto M, Lascelles BDX, Gruen ME [2020]: Development of a checklist for the detection of degenerative joint disease-associated pain in cats. J Feline Med Surg: 1137–1147; DOI 10.1177/1098612X20907424.

2.3 Hüftgelenksdysplasie

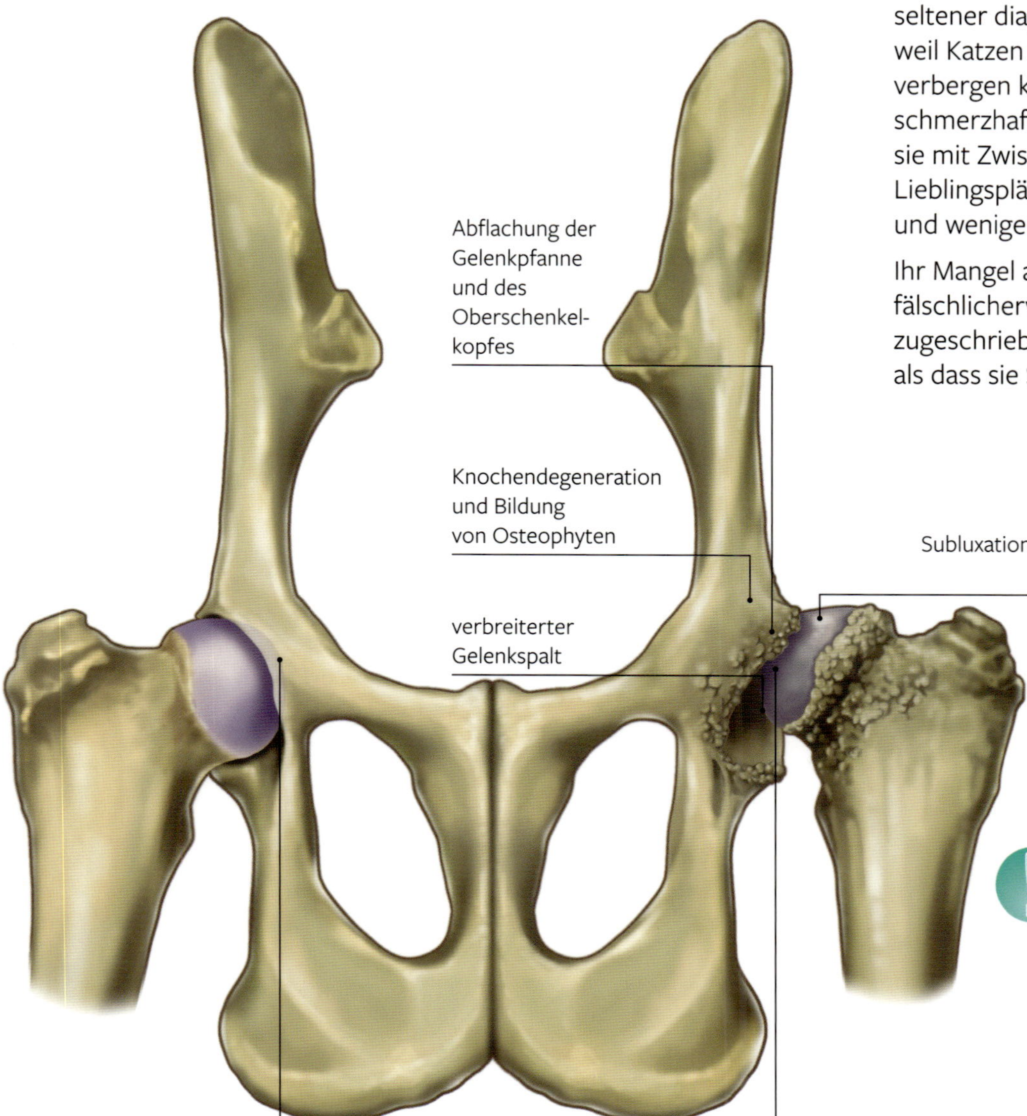

Diese Krankheit wird bei der Katze seltener diagnostiziert als beim Hund, weil Katzen ihren Schmerz sehr gut verbergen können. Sie vermeiden schmerzhafte Bewegungen, indem sie mit Zwischenschritten zu ihren Lieblingsplätzen nach oben springen und weniger spielen.

Ihr Mangel an Aktivität wird fälschlicherweise eher der Tatsache zugeschrieben, dass sie älter werden, als dass sie Schmerzen haben.

Diese Erkrankung kann bei jeder Katze vorkommen; Maine Coon, Perser, Himalaya, Siamesen, Bengalesen, Devon Rex und Abessinier sind jedoch am häufigsten betroffen.

Die Behandlung erfolgt wie bei der Arthrose.

Klinische Symptome

Bei Katzen, die an Gelenkdegeneration und Arthrose leiden, finden wir:

- Steifheit der Hintergliedmaße beim Gehen
- Unbeholfenere Bewegungen beim Aufspringen zu ihren Lieblingsplätzen, oder sie erreichen möglicherweise hohe Plätze nicht mehr in einem Satz.
- Lahmheit (eher ungewöhnlich)
- Die täglichen Spielzeiten sind reduziert.
- Die Katze kann reizbarer sein, wenn ihre Hinterbeine berührt werden.

2.4 Sakrokokzygeale Luxation

Häufige Ursachen

- abruptes Ziehen am Schwanz
- Verkehrsunfälle
- Hundebisse
- andere Traumata (z. B. Schussverletzungen)

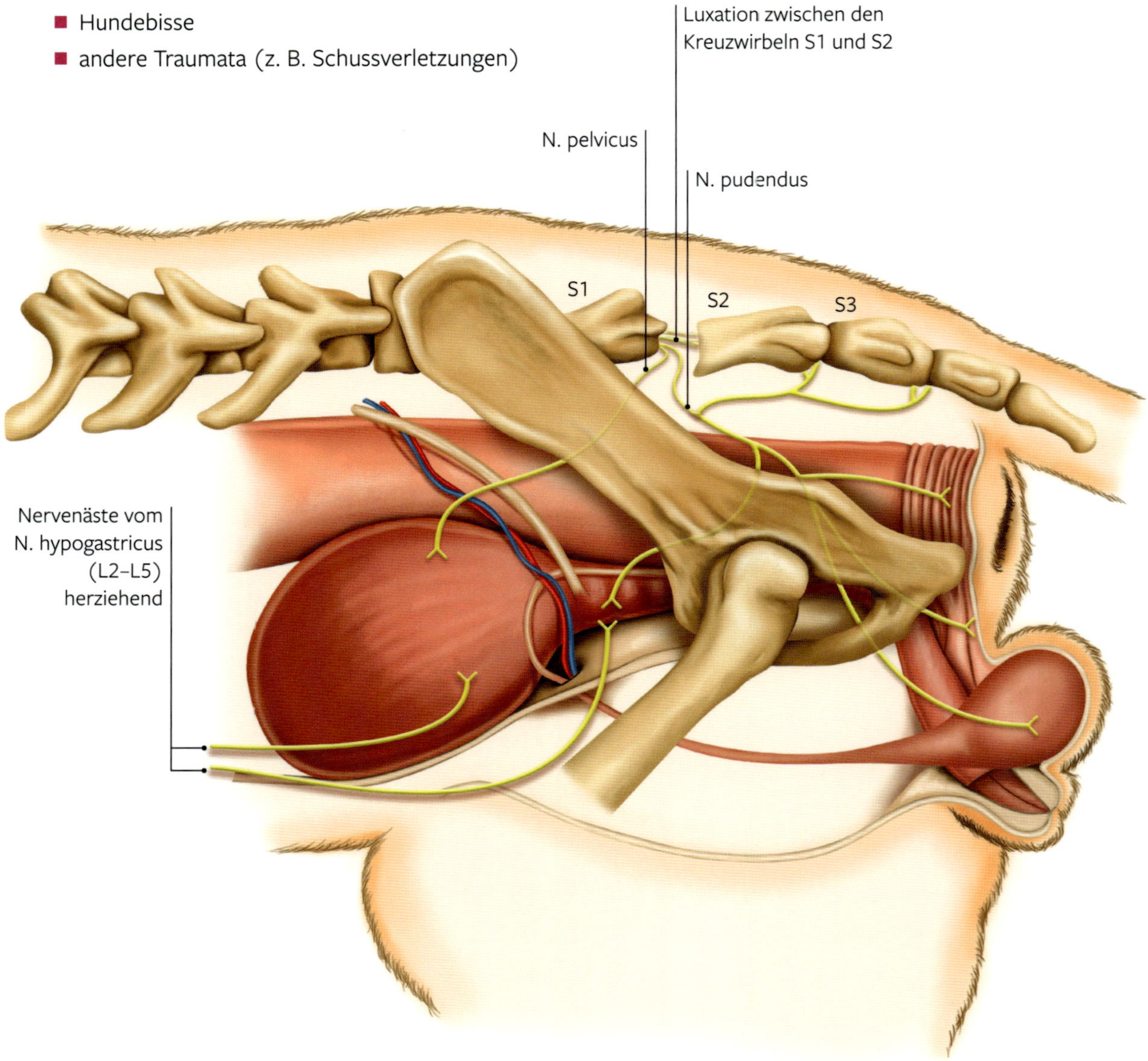

Klinische Symptome

- Probleme beim Urinieren (Inkontinenz) und Kotabsatz, Verlust der perinealen Sensitivität aufgrund von:
  - Läsion des N. pudendus: sensorische und motorische Innervation des Anal- und Urethralsphinkters, Sensitivität des Perineums und der Geschlechtsorgane
  - Läsion der Beckennerven: Innervation des Rektums, der Geschlechtsorgane und des Harnblasendetrusors, Harninkontinenz
- Schlaffheit oder Lähmung des Schwanzes aufgrund einer Läsion der Schwanznerven (sensorische und motorische Innervation)
- gering- oder mittelgradige Veränderungen der Hintergliedmaßen aufgrund einer sekundären Beteiligung des Ischiasnervs

2.5 Chronische Nierenerkrankung (CNE)

Es handelt sich um eine der häufigsten Erkrankungen in der Katzenmedizin. Sie betrifft Tiere jeden Alters, die Wahrscheinlichkeit zu erkranken verdoppelt sich jedoch ab einem Alter von 7–10 Jahren. Katzen zeigen erst bei mindestens 70%igem Verlust der funktionsfähigen Nephrone klinische Symptome.

Eine genaue Diagnose und Kontrolle des Erkrankungsfortschritts erfordert Blut- und Harnuntersuchungen, Urinkultur und Bestimmung des Protein-Kreatinin-Verhältnisses, Erfassung des Blutdrucks, abdominellen Ultraschall und Röntgen.

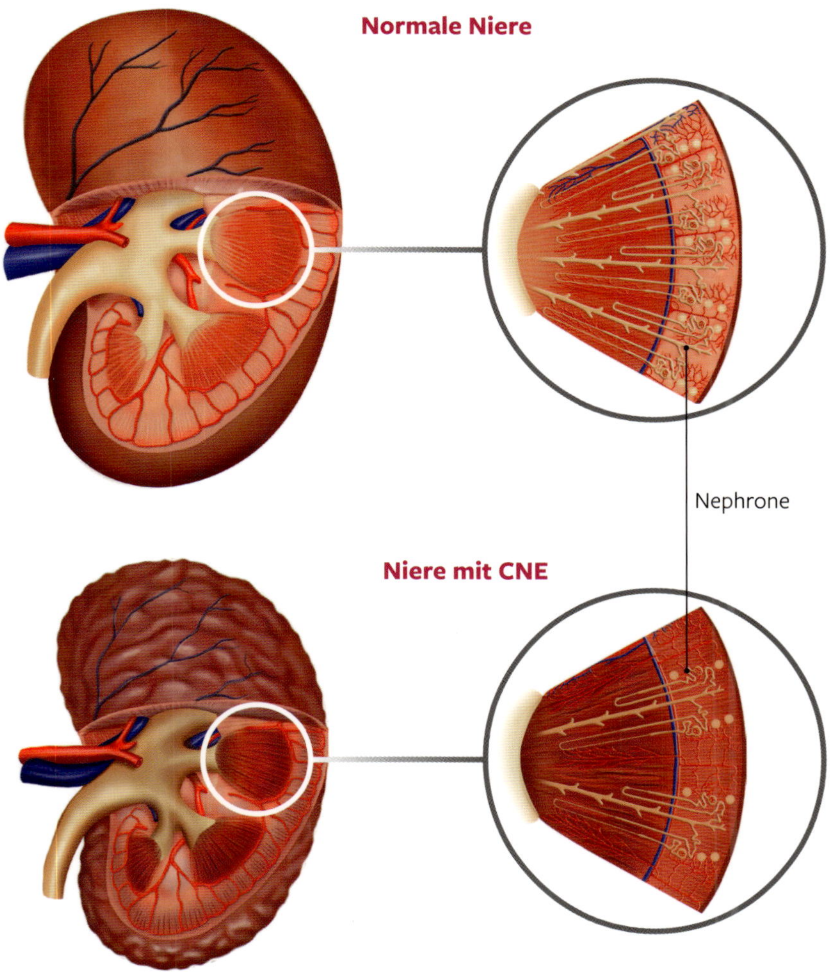

Fortschreiten der CNE

1. Nierenschädigung
2. Reduzierung der Anzahl und Funktion der Nephrone
3. fortschreitende Reduktion der glomerulären Filtration
4. angestiegene Werte von Harnstoff und Kreatinin und anderen Exkreten der Nieren
5. Beginn der Symptome: Polyurie/Polydipsie, zunehmender Gewichtsverlust, chronisches Erbrechen, Appetitverlust
6. bei weiterem Fortschreiten kann dies zum Tod führen

Stadium	Serum-Kreatinin
1	<1,6 mg/dl
2	1,6–2,8 mg/dl
3	2,9–5 mg/dl
4	>5,0 mg/dl

IRIS (International Renal Interest Society) Guidelines 2016, überarbeitet 2019.

Ursachen der chronischen Nierenerkrankung

Kongenital:
- renale Aplasie, Dysplasie und Hypoplasie
- renale Amyloidose
- feline polyzystische Nierenerkrankung

Erworben:
- idiopathische tubulointerstitielle Nephritis
- Pyelonephritis
- Glomerulonephritis
- erworbene Amyloidose
- Nephrotoxine
- Hyperkalzämie
- Hydronephrose (chronische Harnröhrenobstruktion)
- renales Lymphom
- Fortschreiten der akuten Nierenerkrankung
- feline infektiöse Peritonitis

2.6 Akutes Nierenversagen (ANV)

Beim **akuten Nierenversagen (ANV)** kommt es zu einem akuten Kollaps der Nierenfunktion mit einer Abnahme der glomerulären Filtrationsrate. Dies führt zur Entwicklung von Azotämie, Elektrolytstörungen und Säure-Base-Imbalancen.

Ursachen

- prärenales ANV: Ischämie (Dehydratation, Hypovolämie, Sepsis, Herzinsuffizienz, Hypotonie) oder Medikamente, welche die Perfusion verändern (NSAID, ACE-Hemmer)
- renales ANV: tubuläre Nekrose (Ischämie, Toxine), Pyelonephritis, Glomerulonephritis, Vaskulitis, systemische Erkrankung (FIP, Neoplasie, Sepsis) oder unbehandeltes prärenales ANV
- postrenales ANV: Harnleiter- oder Harnröhrenobstruktion, Blasen- oder Harnleiterruptur

Normale Niere

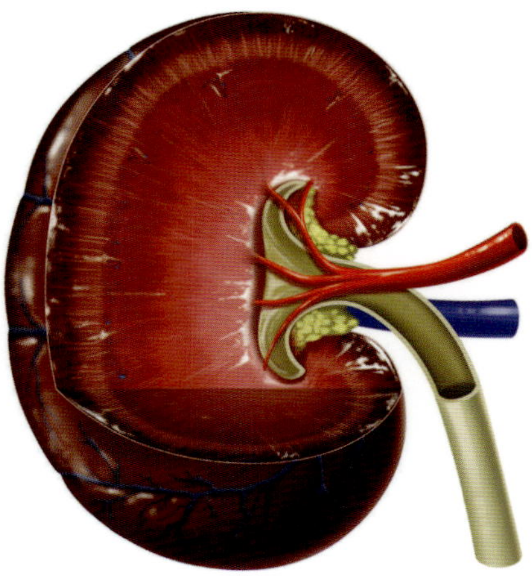

Akutes Nierenversagen

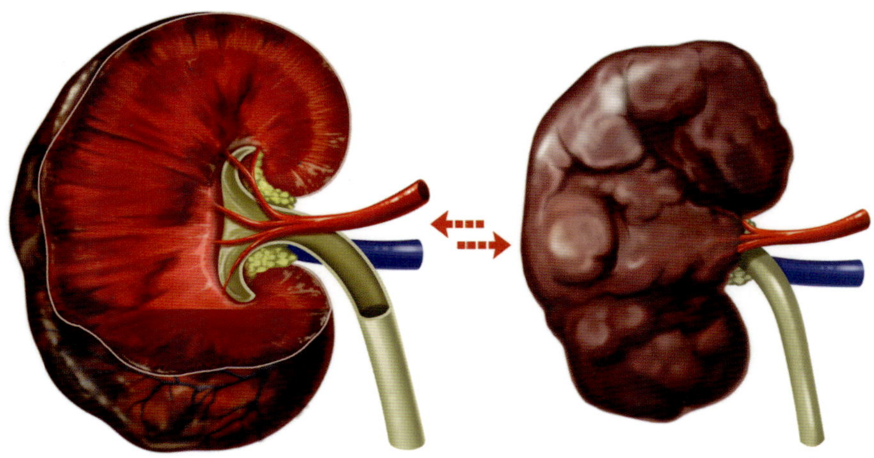

Normale oder vergrößerte Nieren sind ein klassisches Anzeichen eines ANV.

Kleine Nieren weisen auf ein „acute-on-chronic" Nierenversagen hin.

- Häufig führt die Entwicklung eines ANV zu einer chronischen Nierenerkrankung, weil die Nierenfunktion nicht vollständig wiederhergestellt werden kann.
- Katzen mit chronischer Nierenerkrankung entwickeln oft ein ANV aufgrund von Durchblutungsveränderungen (Dehydration) oder Infektionen (Pyelonephritis). Dieser Vorgang wird als „acute-on-chronic" Nierenversagen bezeichnet.

Die Prognose ist vorsichtig, mit einer Sterblichkeitsrate von bis zu 55 %.

Diagnose

- Blutuntersuchung: variable Azotämie und Hyperkaliämie
- Urinanalyse mit Protein-Kreatinin-Verhältnis und Kultur
- abdomineller Ultraschall und Röntgen: **essenziell** für die Diagnose

Zu den Faktoren, die mit einer höheren Sterblichkeit verbunden sind, zählen Hyperkaliämie und Oligurie.

Stadium	Klinisches Bild	Serum-Kreatinin
ANV 1	ohne Azotämie	<1,6 mg/dl
ANV 2	geringgradig	1,7–2,5 mg/dl
ANV 3	mittelgradig	2,6–5 mg/dl
ANV 4	hochgradig	5,1–10 mg/dl
ANV 5	hochgradig	>10 mg/dl

IRIS (International Renal Interest Society) Guidelines 2016, überarbeitet 2019.

2.7 Pyelonephritis

Eine Pyelonephritis verursacht häufig ein akutes Nierenversagen und die Verschlimmerung einer chronischen Nierenerkrankung. Eine bakterielle Infektion erreicht die Nieren aufsteigend von der Harnblase oder über den Blutstrom.

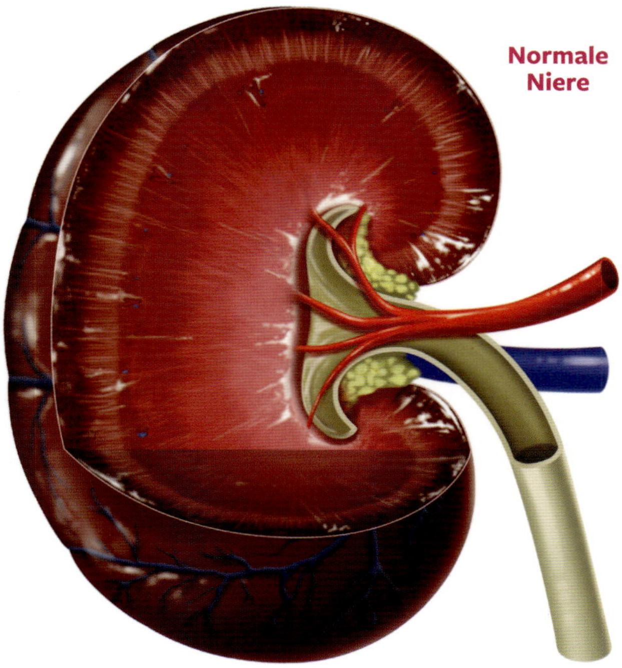

Klinische Symptome

- akut verschlechtertes Allgemeinbefinden
- renaler Schmerz (kann schwierig zu erkennen sein)
- Symptome des unteren Harntraktes (veränderter Harnabsatz und Dysurie): können bei einer bakteriellen Zystitis vorhanden sein.
- Fieber (selten)

Diagnose

- Urinkultur
- ultraschallgeführte Punktion des Nierenbeckens und Kultur, falls möglich

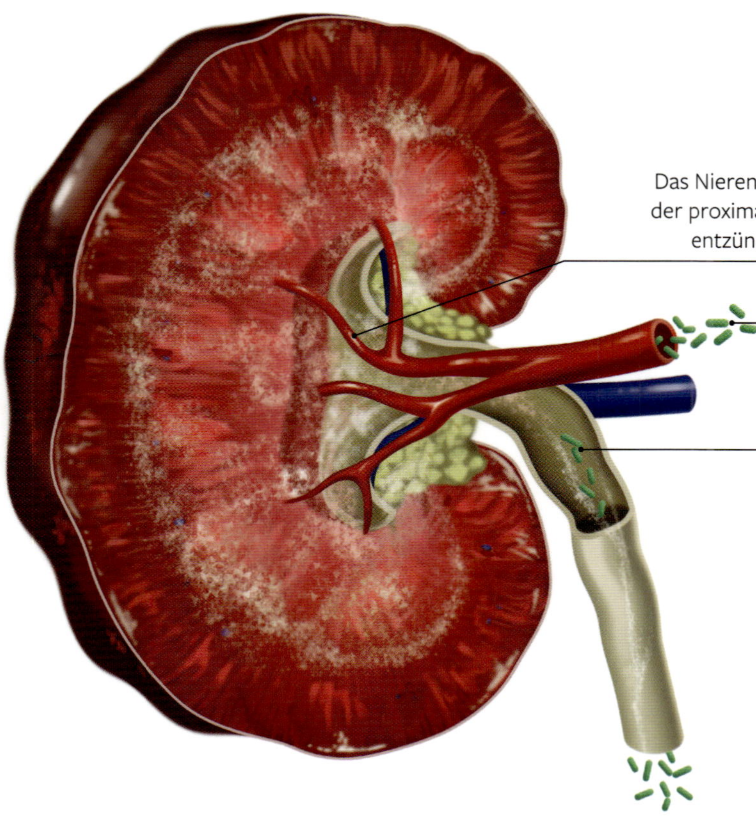

Therapie

Eine unterstützende Therapie ist nötig (Analgesie, Flüssigkeitstherapie), verbunden mit einer antibiotischen Behandlung über 14 Tage.

2.8 Lilienvergiftung

Eine Aufnahme von Pflanzen der Genera *Lilium* und *Hemerocallis* (Lilien und Taglilien) führt zu einem akuten Nierenversagen (ANV). Diese Pflanzen enthalten ein noch nicht bestimmtes Toxin, welches eine tubuläre Nekrose verursacht. Auch eine kleine Menge kann tödlich sein.

Jeder Teil der Pflanze ist giftig: Blüte, Stiel, Blätter und Pollen. Die Blüte ist am stärksten toxisch.

Klinische Symptome

- Nach der Aufnahme der Pflanze treten die Symptome innerhalb von 12–36 Stunden ein.
- Akutes Erbrechen kann beobachtet werden, mit nachfolgendem reduzierten Allgemeinbefinden, Anorexie und Hypersalivation.
- Oligurie/Anurie können auftreten.
- Abhängig von der aufgenommenen Menge können die Katzen innerhalb von 3–5 Tagen sterben.

Verlauf

Katzen, die überleben, entwickeln eine chronische Nierenerkrankung unterschiedlicher Schweregrade.

Therapie

- Wenn die Katze dem Gift ausgesetzt war und noch nicht erbrochen hat, ist ein Erbrechen zu induzieren, eine Magenspülung vorzunehmen oder Aktivkohle zu verabreichen.
- Sind seit der Aufnahme bereits Stunden vergangen, sollte die Katze in eine Tierklinik gebracht werden, um eine Flüssigkeitszufuhr zu gewährleisten und symptomatisch zu behandeln.
- Es gibt keine spezifische Behandlung in Bezug auf das Toxin.

2.9 Systemische Hypertonie

Es handelt sich um einen Anstieg des arteriellen Blutdrucks über Normalwerte. Ein systolischer arterieller Blutdruck >140 mmHg, gemessen mit einem HDO-Gerät (hochauflösende Oszillometrie), und >160 mmHg mit einem Doppler-Ultraschallgerät weisen auf eine Hypertonie hin.

Der Blutdruck sollte mindestens zehn Minuten, nachdem das Tier in den Untersuchungsraum gebracht wurde, bestimmt werden. Fünf aufeinanderfolgende Messungen sind erforderlich, von denen der niedrigste und der höchste Wert ausgeschlossen werden und dann der Mittelwert berechnet wird.

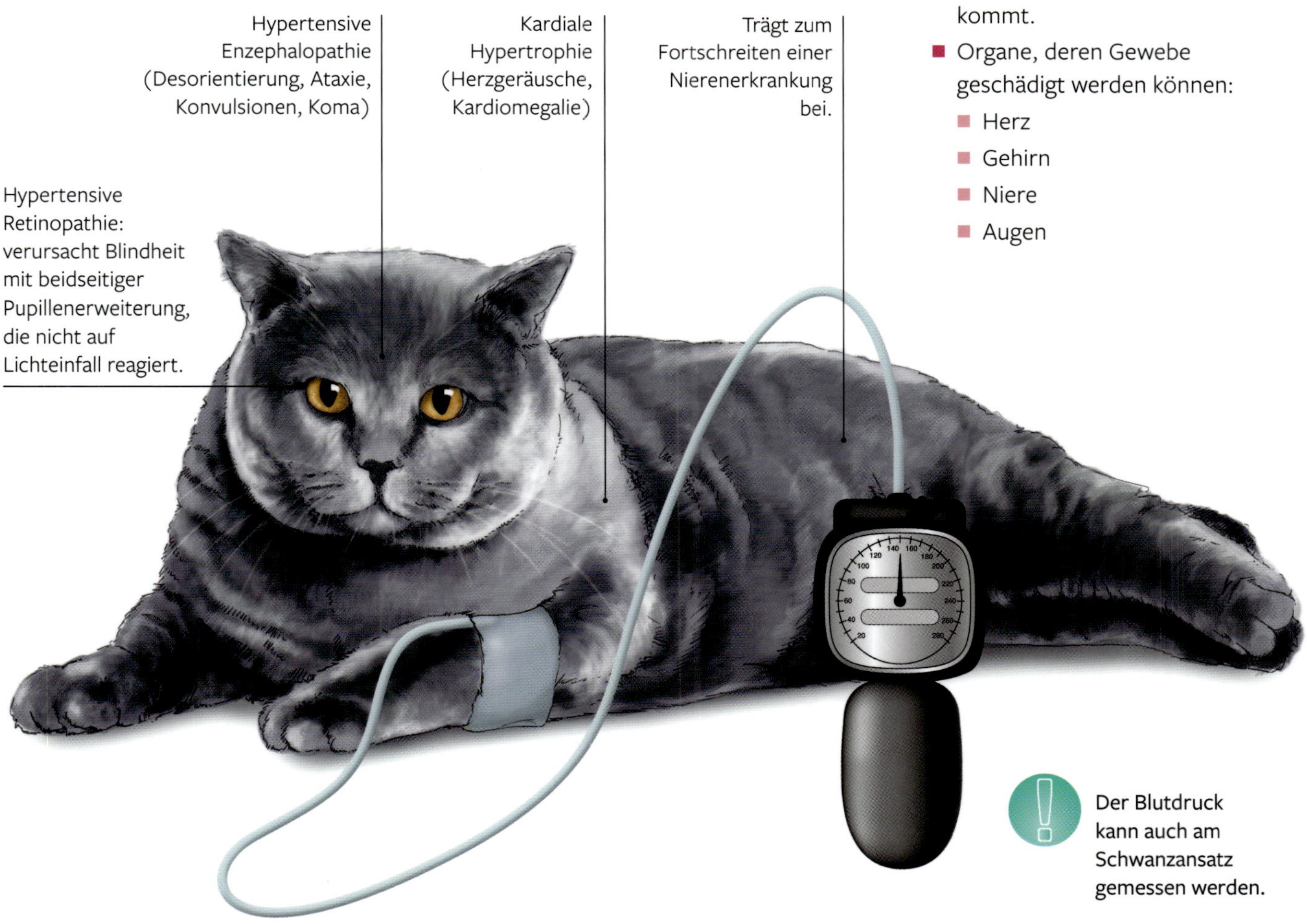

Ursachen

- idiopathisch oder essenziell (unbekannte Ursache)
- sekundär nach:
  - Nierenerkrankung
  - Hyperthyreoidismus
  - Behandlung eines Hyperthyreoidismus (20 % der behandelten Katzen)
  - Hyperaldosteronismus
  - Phäochromozytom
- Weißkittel-Hypertonie

Folgen

- Katzen mit Bluthochdruck können über Monate oder Jahre asymptomatisch sein, bis es zu einer Gewebeschädigung kommt.
- Organe, deren Gewebe geschädigt werden können:
  - Herz
  - Gehirn
  - Niere
  - Augen

Der Blutdruck kann auch am Schwanzansatz gemessen werden.

2.10 Harnleiterobstruktion

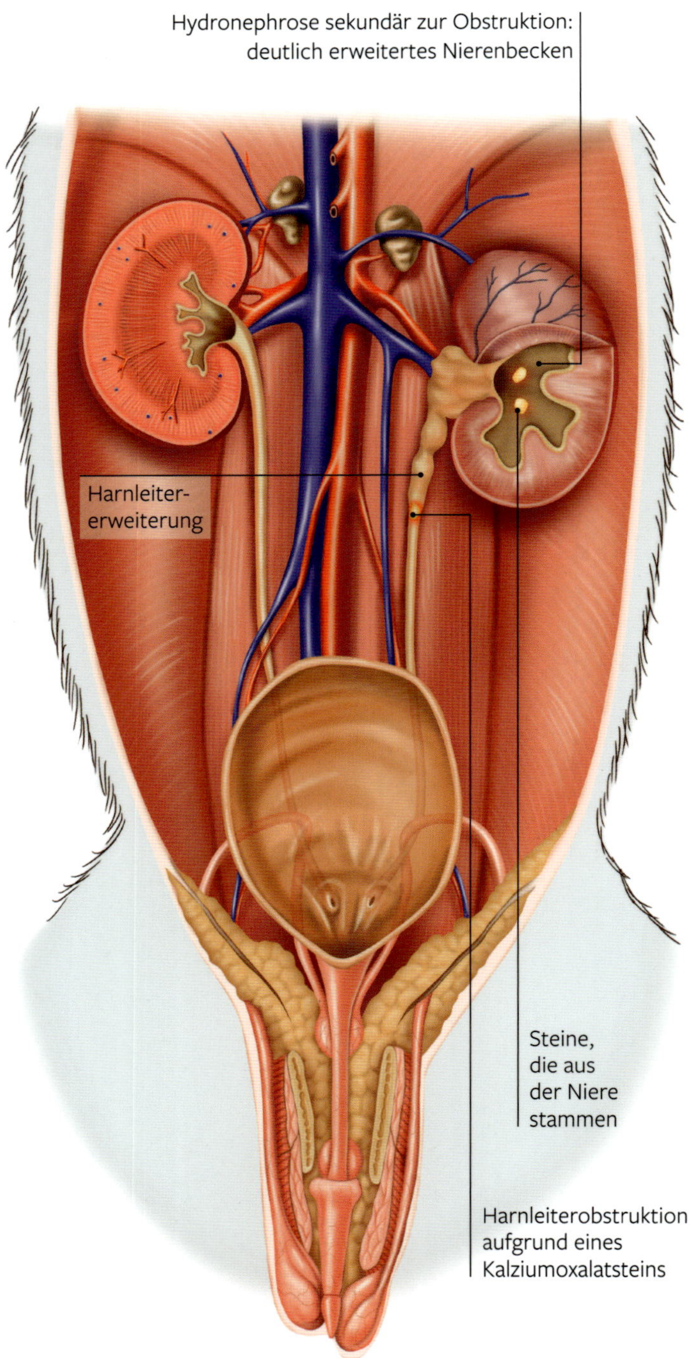

Eine Harnleiterobstruktion verursacht häufig eine chronische oder akute Nierenerkrankung bei Katzen jeden Alters und Geschlechts. Gewöhnlich ist eine beidseitige Harnleiterobstruktion zu erkennen.

Die Diagnosestellung erfolgt auf Basis von abdominellen Röntgenbildern und hochauflösenden Ultraschallaufnahmen.

Ursachen

- intraluminal:
  - Ureterolithen (80 %)
  - Klumpen
  - Eiterpfropfen (Pyelonephritis)
- intraparietal:
  - kongenitale Stenose
  - sekundäre Stenose nach Harnleiterchirurgie, entzündlichen Prozessen, Steinpassage, Infektion, Neoplasie oder Granulombildung
- extraparietal:
  - retrokavaler Harnleiter (kongenital)
  - retroperitoneale Fibrose aufgrund einer Neoplasie oder eines chirurgischen Eingriffs
  - retroperitoneale Massen
  - Karzinom des Trigonum vesicae
  - versehentliche Harnleiterligatur

Konservative Therapie

- intravenöse Flüssigkeitstherapie gegen die Azotämie
- milde Muskelrelaxanzien, um die Steinpassage zu erleichtern
- Analgetika

Chirurgische Therapie

- Ureterotomie
- subkutaner Harnleiter-Bypass
- Harnleiter-Endoprothese (Stent)

2.11 Techniken zur Auflösung einer Harnleiterobstruktion

Aktuell gibt es drei Techniken, die zur Auflösung einer Harnleiterobstruktion zum Einsatz kommen: Ureterotomie, Endoprothese (Stent) und subkutane Bypass-Anlage. Alle haben ihre Vor- und Nachteile.

Ureterotomie

- Bei dieser Technik wird der Ureter eröffnet und der Stein entfernt.
- Wird durchgeführt bei einem einzelnen Stein im proximalen Harnleiterabschnitt.
- Vorteile: endgültige Methode, die ein Verbleiben von Material, Infektionen oder Wanderungen verhindert.
- Komplikationen: Lecks, Stenose, wiederholte Obstruktion

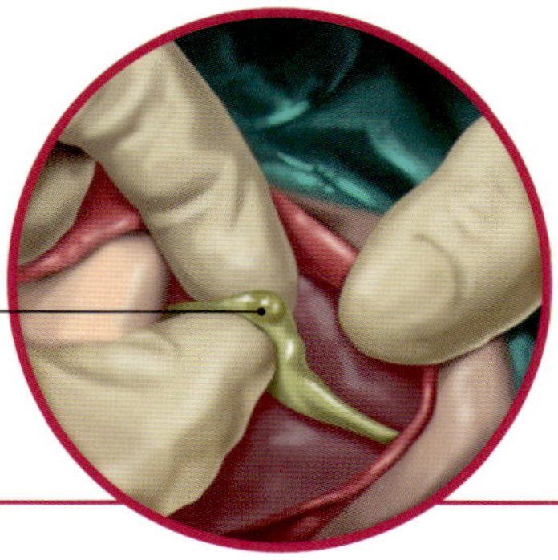

Endoprothese (Stent)

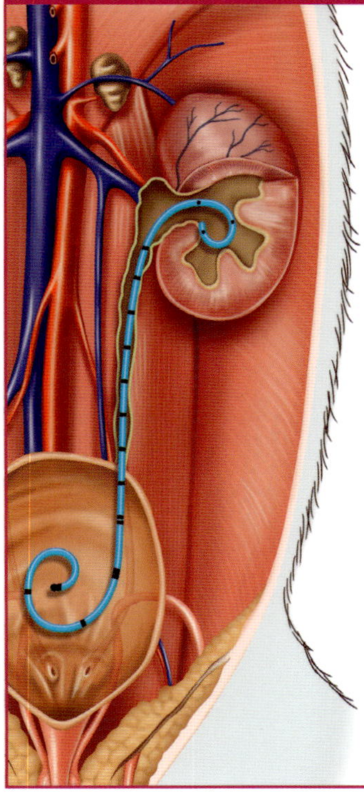

- Ein Führungsdraht wird im Harnleiter platziert, der von der Harnblase bis ins Innere des Nierenbeckens reicht. Dieser Führungsdraht verläuft parallel zu den Steinen.
- Wird offen-chirurgisch oder endoskopisch (bei weiblichen Tieren) durchgeführt.
- Komplikationen: Harnleiterruptur während des Eingriffs, Dysurie, Hämaturie, Harnwegsinfektionen, Stentwanderung, Kalzifizierung

Subkutane ureterale Bypass-Anlage

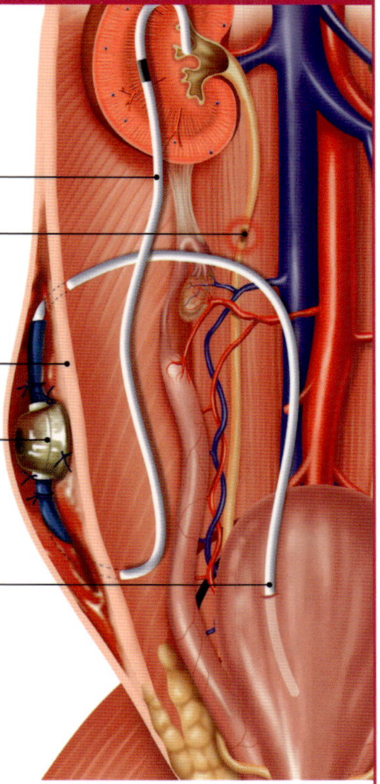

- Diese Vorrichtung „umgeht" den Ureter, indem ein neuer Gang von der betroffenen Niere zur Blase geschaffen wird.
- Ein Teil des Verlaufs erfolgt außerhalb des Bauchraums, in der subkutanen Ebene.

Vorteile:

- Ermöglicht es, Urin aus dem Nierenbecken zu sammeln und daraus eine Kultur anzulegen.

Komplikationen:

- kurzfristig: Lecks, teilweise Obstruktion aufgrund von Knicken im Katheter oder Klumpenbildung, Blutung während der Nephrostomie
- langfristig: wiederholte Infektionen, Dysurie, Verschluss aufgrund einer Kalzifizierung, Knicke im Katheter

2.12 Polyzystische Nierenerkrankung (Polycystic Kidney Disease, PKD)

Diese Krankheit wird vererbt und verursacht eine Zystenbildung in den Nieren. Die Zysten sind von Geburt an vorhanden und wachsen, obwohl sie anfangs sehr klein sind, über die Zeit und schädigen die Niere (Nierenerkrankung). Manchmal greifen sie auch auf die Leber über.

Rassen mit hohem Risiko: Perser, Exotische Kurzhaarkatze, Britische Kurzhaarkatze und Kreuzungen dieser Rassen

Rassen mit mäßigem Risiko: Birma, Burmilla, Devon Rex und Ragdoll

andere Rassen: sehr geringes Risiko

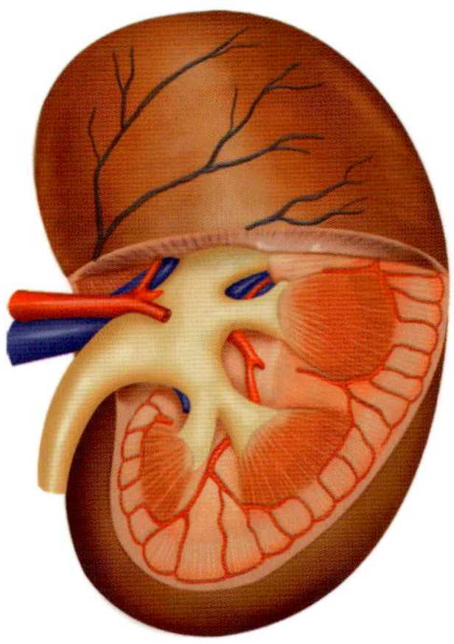

Normale Niere

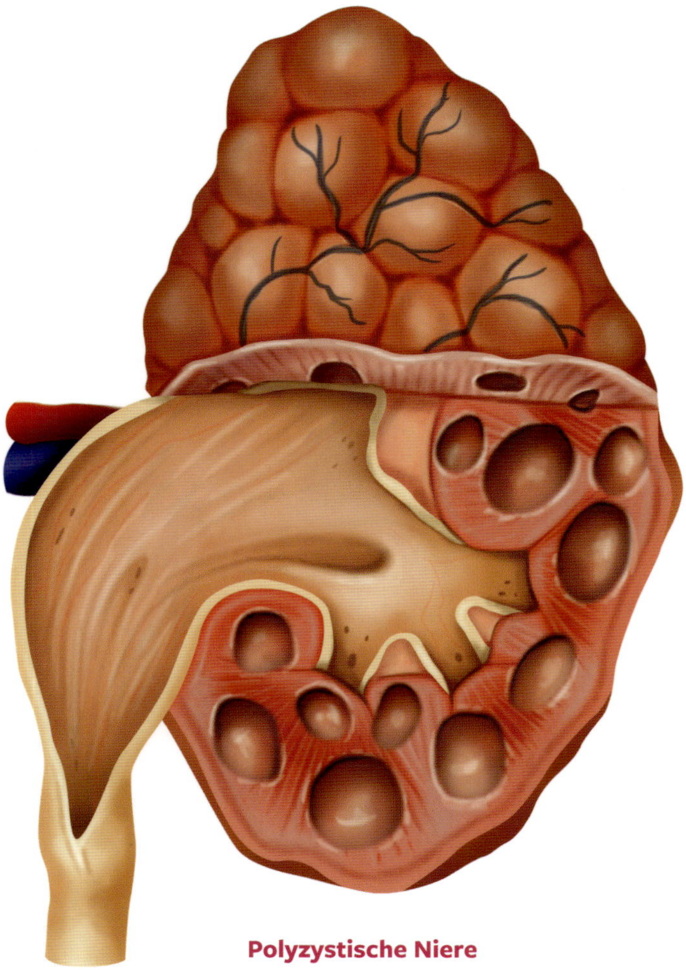

Polyzystische Niere

Nierenzysten

- Anzahl: variiert bei jedem einzelnen Tier (20–200 Zysten)
- Wachstum: kann sehr schnell sein (früher Tod), oder langsam mit Symptomen einer Nierenerkrankung ab einem Alter von 8 Jahren
- Diagnose:
  - abdomineller Ultraschall
  - genetischer Test aufgrund von Blut- und Speichelproben

Es gibt keine Behandlung, um das Fortschreiten des Zystenwachstums zu verhindern. Die Wachstumsgeschwindigkeit der Zysten ist bei jeder Katze unterschiedlich und wird durch serielle Ultraschalluntersuchungen bestimmt.

Konservative Therapie

Notwendig bei Katzen, die eine Nierenerkrankung entwickeln.

Vererbung

- Die Krankheit wird über ein einzelnes autosomal-dominantes Gen übertragen; jede Katze mit diesem Gen wird die Krankheit entwickeln.
- Alle Träger dieses Gens sind betroffen, auch wenn sie nur wenige Zysten haben.
- Alle Katzen mit der Erkrankung werden diese auf einige ihrer Nachkommen übertragen (auf ca. 50 %).

2.13 Erkrankung des unteren Harntraktes bei Katzen (Feline Lower Urinary Tract Disease, FLUTD)

Obstruktiv und nichtobstruktiv

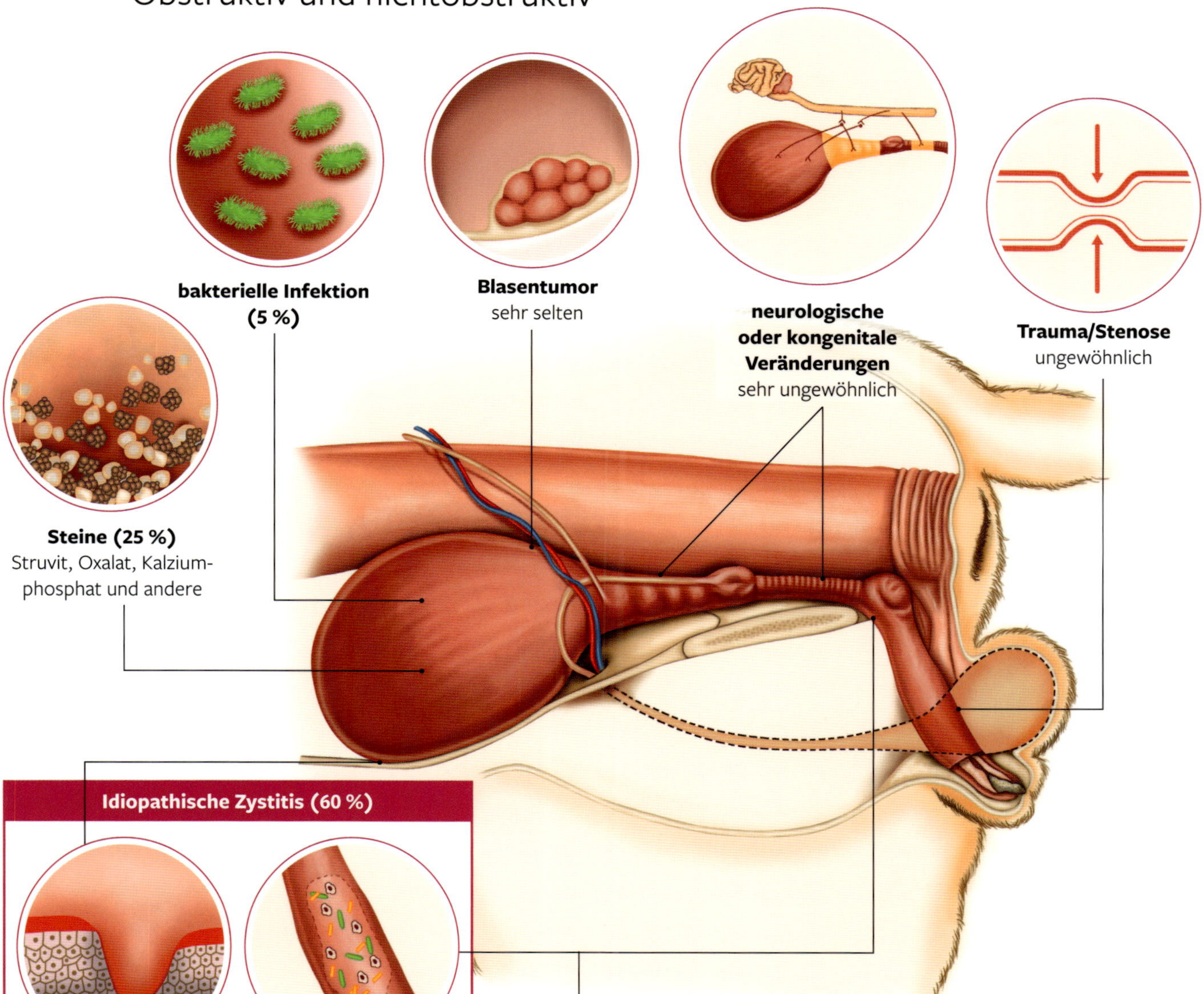

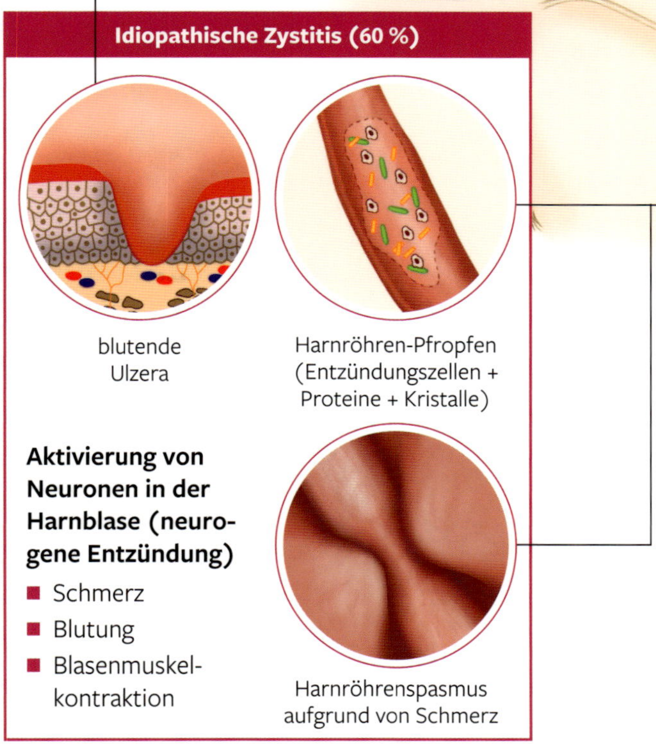

Klinische Symptome

- Schwierigkeiten und Schmerzen beim Harnabsatz
- Betroffene Tiere gehen oft zur Katzentoilette, um zu urinieren.
- Im Urin kann Blut enthalten sein.
- Das Urinieren kann aufgrund von Schmerzen unterbrochen sein.
- Im Fall einer obstruktiven FLUTD ist der Harnabsatz aufgrund einer Harnröhrenobstruktion unmöglich.

Die Ursache der FLUTD muss immer diagnostiziert werden, um eine adäquate Behandlung zu ermöglichen und um zukünftige Rückfälle zu vermeiden.

2.14 Perineale Urethrostomie

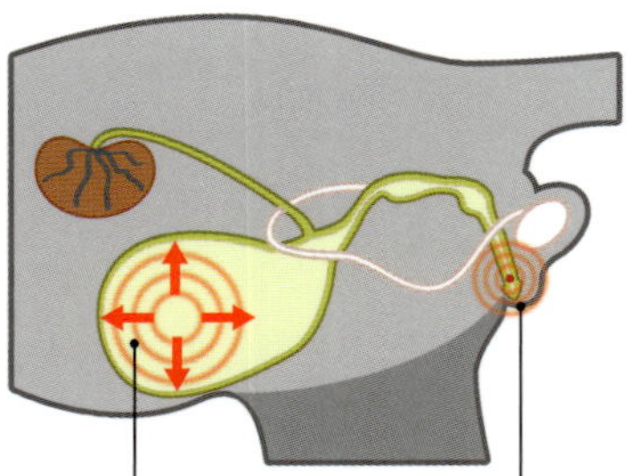

Dieser Eingriff umfasst das Eröffnen der Harnröhre und ein Vernähen derselben mit der Haut, in der perinealen Gegend unter dem Anus, sowie das Entfernen von Penis und Hoden (wenn die Katze nicht schon kastriert ist).

Indikationen

- Wenn das Tier von mehreren Obstruktionen betroffen ist (mehr als drei), obwohl die FLUTD behandelt wurde.
- Harnröhrenobstruktion, die nicht durch Katheterisierung behoben werden kann.
- Harnröhrenstenose
- schwere Penisverletzung

Die meisten vollständigen Obstruktionen des Harntraktes sind durch Harnröhrenpfropfen oder Steine bedingt.

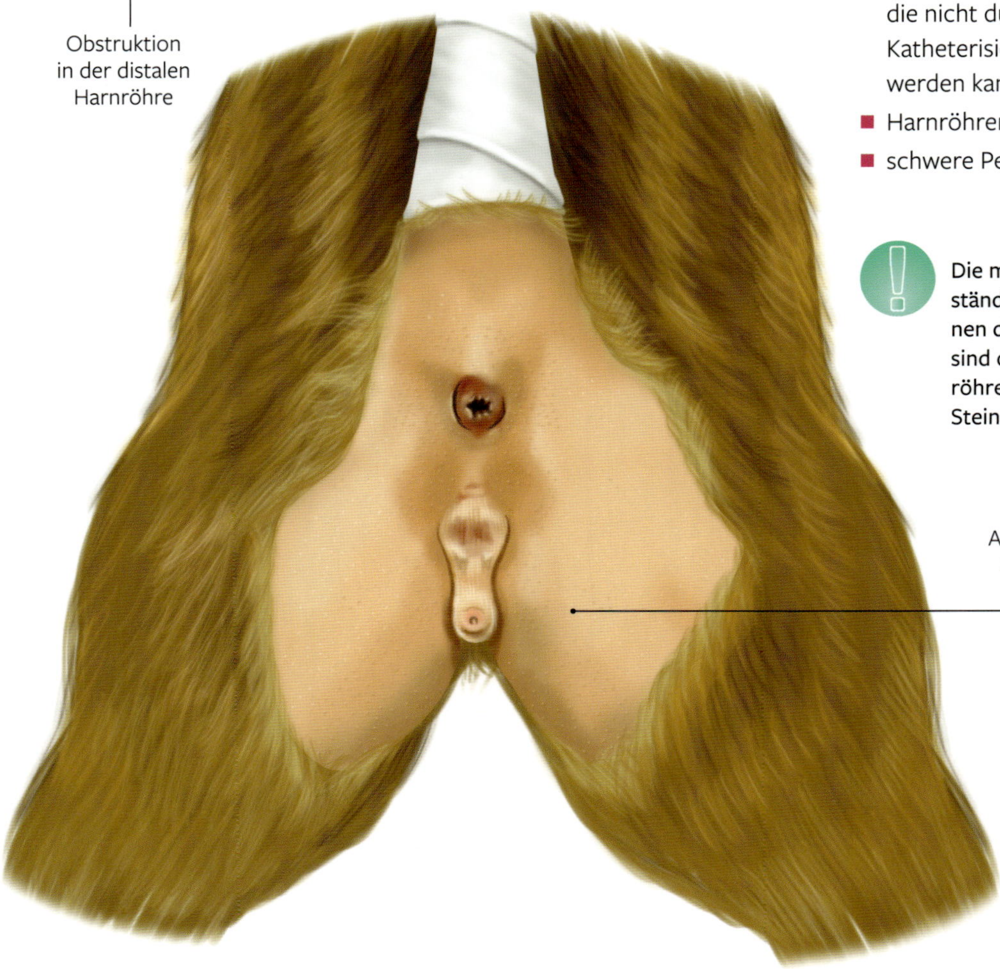

Chirurgische Technik

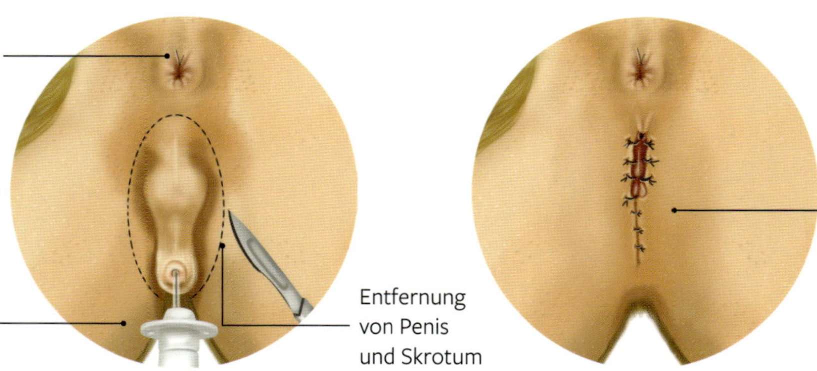

2.15 Weiblicher Sexualzyklus

Kätzinnen sind saisonal polyöstrisch; ihr Zyklus wird durch zunehmenden Lichteinfall (Photoperiode) stimuliert. Sie haben reguläre Zyklen während der Monate mit längerem Lichteinfall (von Februar/März bis Oktober/November). Manche Kätzinnen haben auch das gesamte Jahr über Zyklen, wenn sie künstlichem Licht ausgesetzt sind.

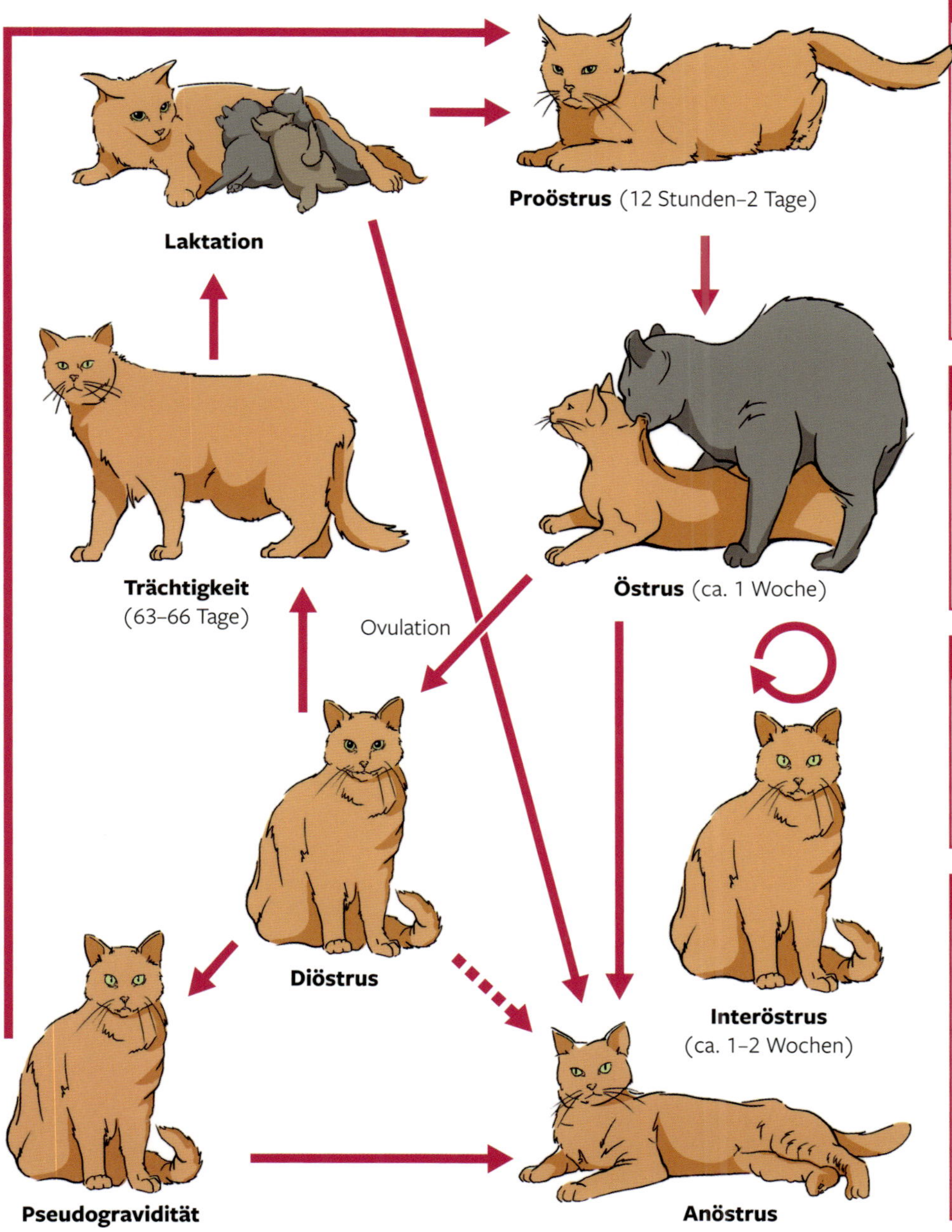

Proöstrus

- Kater werden von nicht empfänglichen Kätzinnen angezogen.
- geringgradiges Vulvaödem ohne Blutung (leichter muköser Ausfluss)
- Sexualverhalten: Schnurren, unablässiges Miauen, Lordosenhaltung, aber Begattung wird nicht zugelassen

Östrus

- Sexualverhalten ähnlich wie im Proöstrus, aber die Kätzin lässt die Begattung zu.
- Die Ovulation wird durch die Begattung ausgelöst. Sie kann auch spontan erfolgen.

Interöstrus

- Tritt ein, wenn die Ovulation ausbleibt.
- Phase der Inaktivität zwischen zwei aufeinanderfolgenden Rolligkeiten

Diöstrus

- Wenn die Ovulation stattfindet, wird ein Gelbkörper gebildet (Progesteron).
- Es kann zu zwei Situationen kommen:
  - Pseudogravidität: Die Kätzin ovuliert, aber ist unfruchtbar.
  - Trächtigkeit: Die Kätzin ovuliert und pflanzt sich fort.

Anöstrus

- Periode ohne sexuelle Aktivität (Abwesenheit von Sexualzyklen)
- Zwischen Oktober/November und Januar/Februar (kürzerer Lichteinfall). Er tritt ggf. bei künstlichem Lichteinfall nicht ein.

Kätzinnen treten in einem Alter von 6–8 Monaten in die Pubertät ein, dies kann jedoch variieren (4–12 Monate) abhängig von Gewicht, Rasse etc.

Die Anwendung von Hormonbehandlungen zur Vermeidung von Rolligkeiten sollte während des Proöstrus und Östrus vermieden werden. Der Zeitpunkt der Wahl liegt üblicherweise im Anöstrus.

2.16 Kastration

Bei weiblichen und männlichen Tieren

Weibliche Tiere

Laparoskopische Ovarektomie

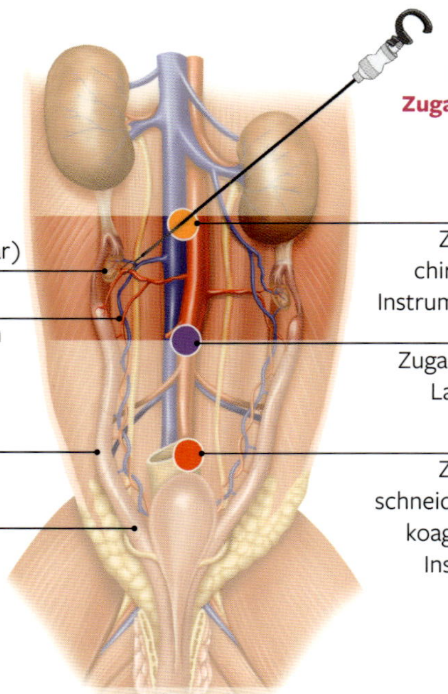

Die Laparoskopie ist eine minimalinvasive Technik, die es ermöglicht, eine Kastration über minimale Schnitte vorzunehmen, ohne Gewebe zu exponieren.

Ovariohysterektomie über einen offen-chirurgischen Zugang

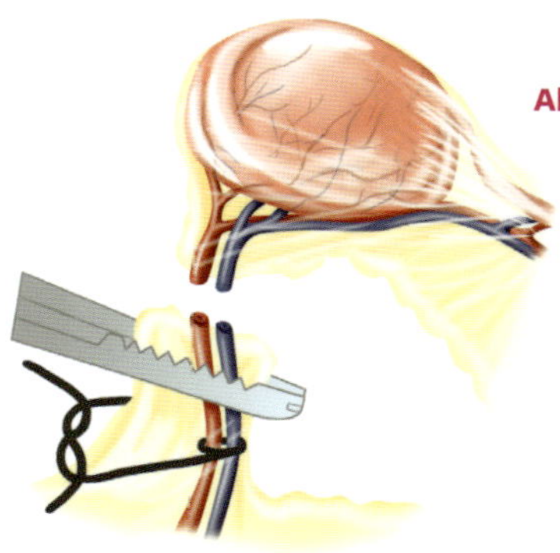

Doppelte Ligatur und Abtrennung des Uterus

Eine Entfernung des Uterus wird empfohlen bei Kätzinnen, die sich im Östrus befinden oder eine Hydrometra, Mukometra etc. aufweisen.

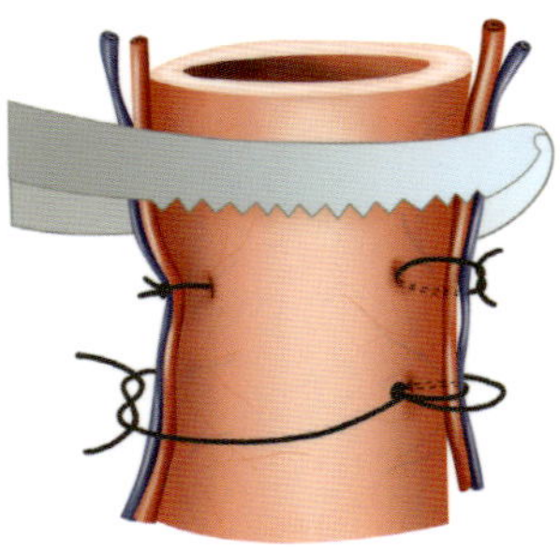

Männliche Tiere

Orchiektomie

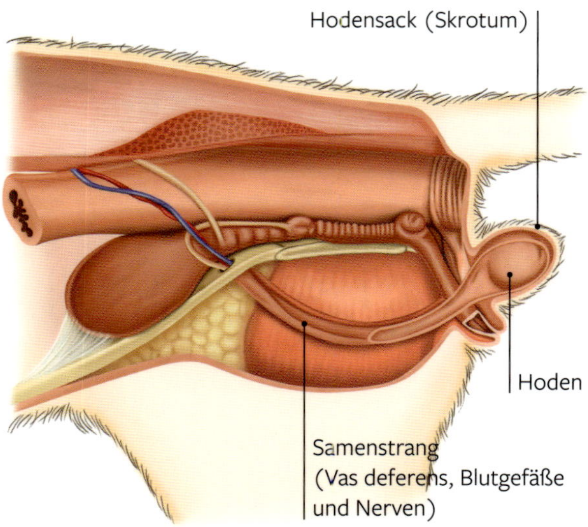

Hoden aus dem Skrotum präparieren und Samenstrang durchtrennen.

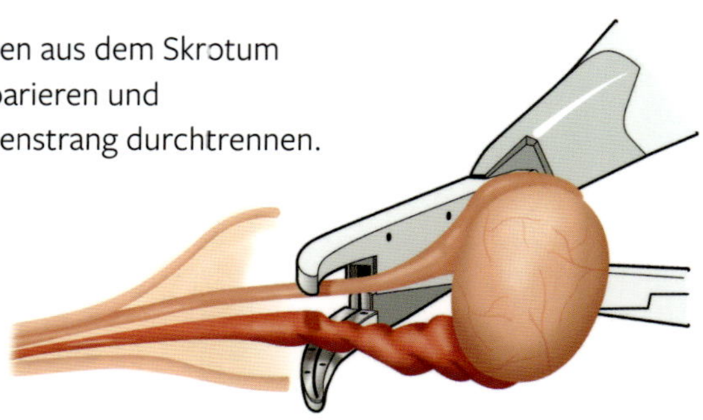

Bei Benutzung eines speziellen Instruments, das Separierung und Ligatur ermöglicht, sind keine Nähte erforderlich.

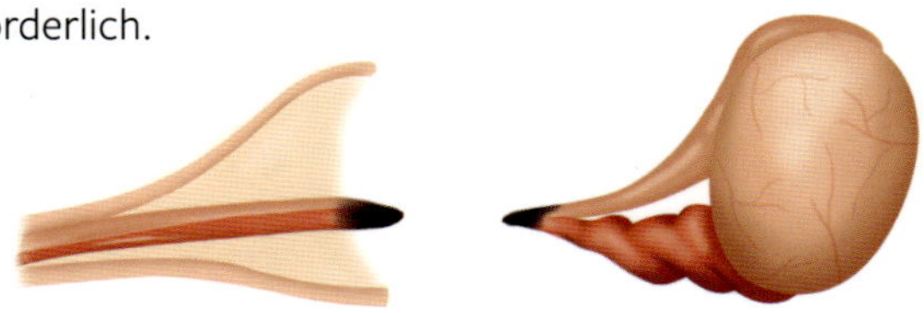

2.17 Pyometra

Infektion der Gebärmutter (Uterus)

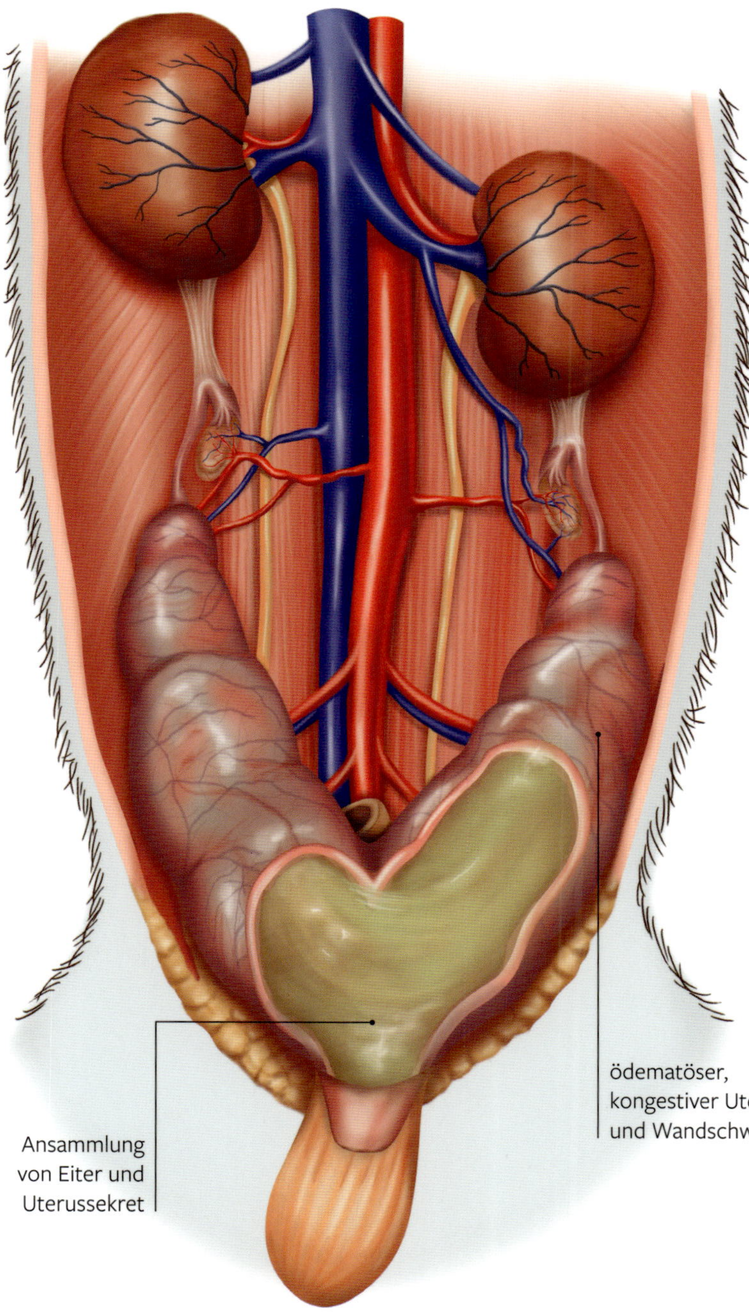

Infektionskrankheit, die durch Bakterien verursacht wird und sich durch die Anwesenheit von Eiter in der Uterushöhle (Cavum uteri) auszeichnet. Sie kommt bei Kätzinnen jedes Alters vor, unabhängig davon, ob sie bereits Welpen geboren hat. Der Einsatz von Gestagenen zur Östrusunterdrückung ist ein Risikofaktor.

Die Diagnosestellung erfordert Röntgenaufnahmen und eine Ultraschalluntersuchung des Abdomens.

Klinische Symptome

- Serosanguinöser oder mukopurulenter vaginaler Ausfluss. Bei einer geschlossenen Pyometra ist kein Ausfluss erkennbar.
- Lethargie
- Gewichtsverlust
- Polyurie und Polydipsie
- Fieber ist ungewöhnlich.

Konservative Therapie

- Flüssigkeitstherapie
- Antibiotika
- Hormone bis zur Genesung

Chirurgische Therapie

Behandlung der Wahl (Ovariohysterektomie), besonders, wenn es sich nicht um ein Zuchttier handelt und wenn Anzeichen einer schweren Infektion, z. B. einer Peritonitis, bestehen.

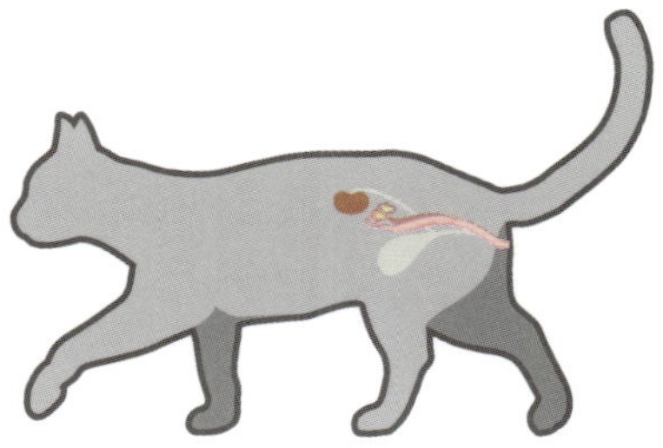

2.18 Residuales Ovarialsyndrom

Dieses Syndrom sollte vermutet werden, wenn Kätzinnen nach der Kastration weiterhin Anzeichen einer Rolligkeit zeigen. Eine chirurgische Behandlung ist angezeigt, um verbliebenes ovarielles Gewebe zu lokalisieren und zu entfernen.

Ursachen

- Anwesenheit ektopischen ovariellen Gewebes
- Autotransplantation ovariellen Gewebes
- fehlerhafter chirurgischer Eingriff

Die explorative und laparoskopische Laparotomie erlaubt die Diagnosestellung sowie eine Behandlung durch Entfernung des verbliebenen ovariellen Gewebes.

Diagnose

- Anwesenheit der typischen Rolligkeitsanzeichen
- vaginale Zytologie während Anzeichen wie bei einer Rolligkeit vorliegen
- Choriongonadotropin-Stimulationstest
- diagnostische Bildgebung: Ultraschall ermöglicht die Erkennung ovariellen Gewebes, welches hypoechogen erscheint und zystische Strukturen enthält. Falls kein ovarielles Gewebe gesehen werden kann, schließt dies jedoch dessen Anwesenheit nicht aus.
- explorative oder laparoskopische Laparotomie

2.19 Mammatumore

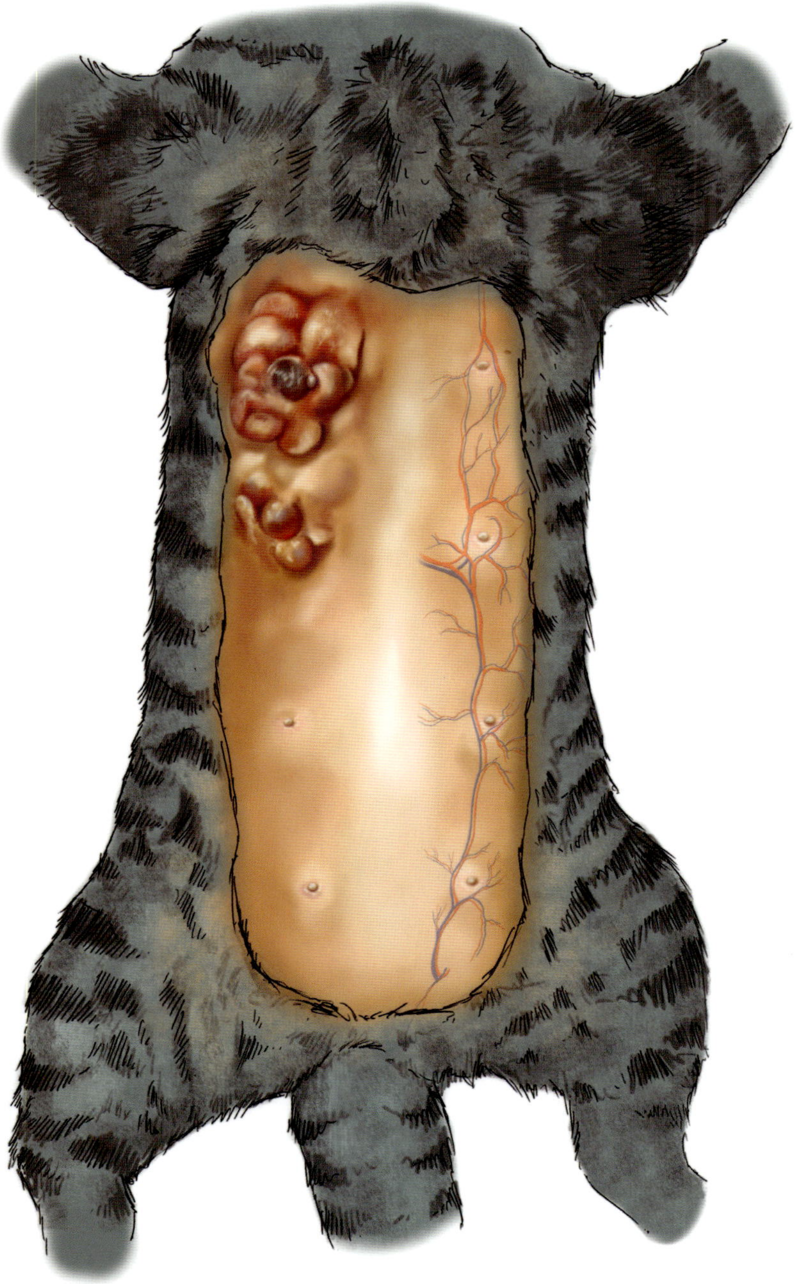

Bei Katzen sind 80–96 % der Mammatumore bösartig, am häufigsten handelt es sich um tubuläre und papilläre Adenokarzinome. Knapp 10 % der Fälle sind Adenome. Nur 1–2 % der Mammatumore treten bei Katern auf. Durchschnittlich treten die Tumore in einem Alter von 11 Jahren in Erscheinung, obwohl sie auch jüngere Kätzinnen betreffen können. Die Diagnosestellung von Mammatumoren erfordert eine Biopsie, Thoraxröntgenaufnahmen und eine Abdominalsonografie zum Ausschluss von Metastasen.

> Das Karzinomrisiko ist 6- bis 7-mal geringer bei Kätzinnen, die in einem Alter unter 6 Monaten kastriert wurden.

Klinische Symptome

Die Größe ist der wichtigste Faktor:

- Eine oder mehrere abgegrenzte, lobulierte Umfangsvermehrungen, die gelegentlich ulzerieren, wenn sie groß sind.
- Häufig sind lokale Drüsen mit einbezogen.
- Metastasen in der Lunge und in weiteren Organen wie Leber und Lymphknoten, sehr häufig bei Knoten > 3 cm Größe

> Der Einsatz von Gestagenen zur Zykluskontrolle erhöht das Risiko, Mammatumore oder eine adenomatöse Hyperplasie zu entwickeln.

Prognose

Die Größe ist der wichtigste Faktor:

- Kätzinnen mit Tumoren < 2 cm Größe können bis zu 3 Jahre nach dem chirurgischen Eingriff überleben.
- Katzen mit Tumoren < 3 cm Größe überleben ungefähr 4–6 Monate.

Chirurgische Therapie

Ein radikaler Eingriff mit Entfernung der gesamten Mammaleiste reduziert das Risiko eines wiederholten Auftretens (Rezidiv).

Konservative Therapie

Eine Chemotherapie kann möglicherweise das Intervall zwischen Rezidiven verlängern und die Lebenserwartung steigern.

2.20 Brachyzephalie bei Katzen

Die brachyzephale Form des Schädels bei Perser- und Himalaya-Katzen verursacht eine Obstruktion der oberen Atemwege, Störungen des Tränenabflusses und strukturelle Zahnveränderungen. Je kürzer der Schädel ist, desto schwerwiegender sind diese Auswirkungen.

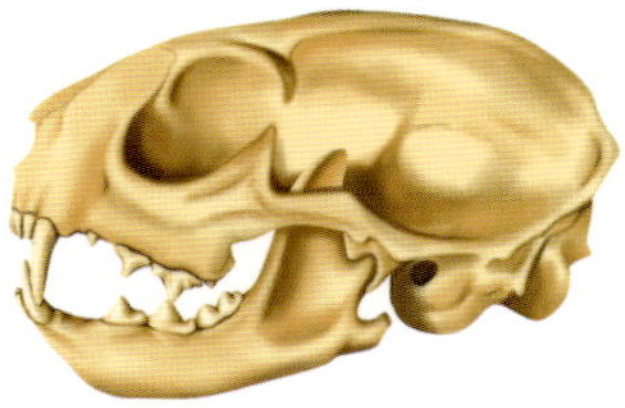

Normaler Schädel

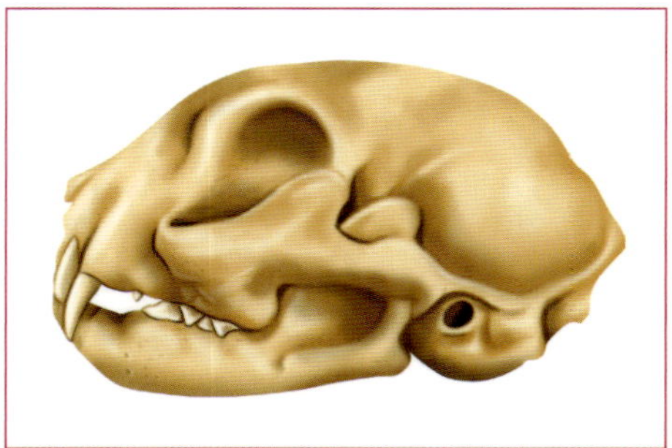

Grad 1: geringgradig

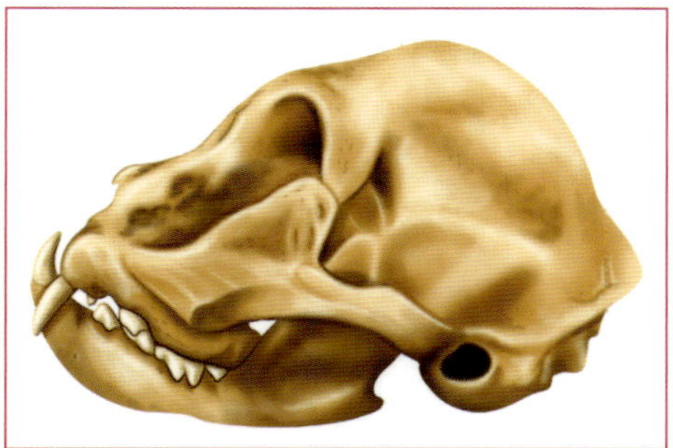

Grad 2: mäßig

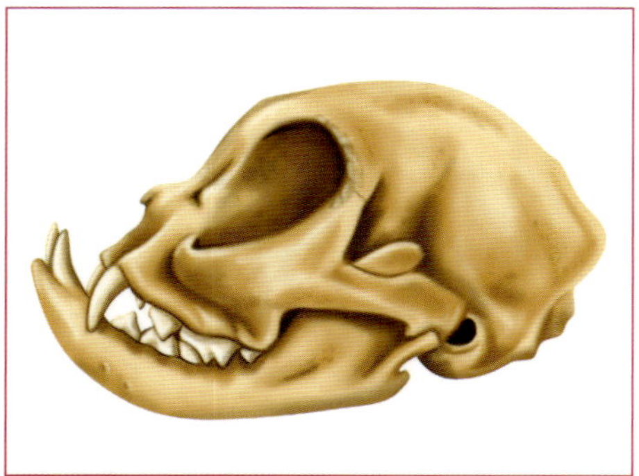

Grad 3: ausgeprägt

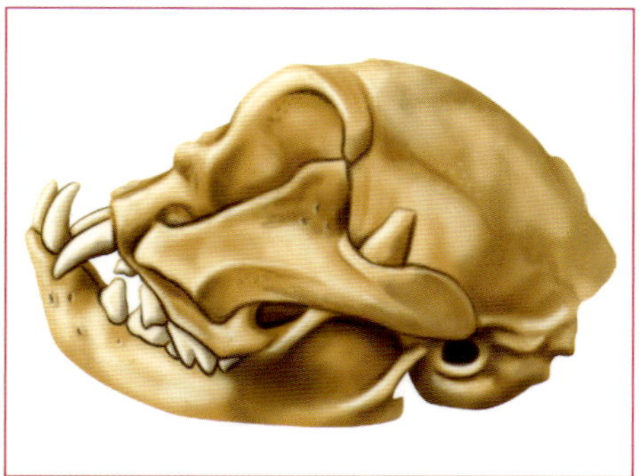

Grad 4: hochgradig

Klinische Symptome

Je höher der Schweregrad der Brachyzephalie, desto schwerer sind die Symptome:

- Veränderung des Tränennasengangs: andauerndes Tränen und sekundäre Dermatitis
- vermehrte Exposition der Augen: Keratitis und korneale Sequester
- nicht übereinstimmender (inkongruenter) Zahnbogen: Schwierigkeiten beim Kauen und häufigere parodontale Erkrankungen
- Obstruktion der oberen Atemwege aufgrund von:
  - stenotischen Nasenlöchern
  - enger Nasenhöhle
  - verlängertem weichem Gaumen

Konservative Therapie

- bei Dermatitis der Hautfalten aufgrund von vermehrtem Tränenfluss
- bei Keratitis

Chirurgische Therapie

- chirurgische Korrektur der stenotischen Nasenlöcher und des verlängerten weichen Gaumens
- Entfernung von Zähnen, um ein adäquates Kauen zu ermöglichen.

Empfehlungen

Internationale tierärztliche Vereinigungen empfehlen ein Verbot der Zucht von Katzen mit extremer Brachyzephalie aufgrund der negativen Folgen für Gesundheit und Lebenserwartung.

2.21 Nasopharyngeale Polypen

Dies sind gutartige Wucherungen, die in jedem Alter auftreten können, sie kommen jedoch häufiger bei jungen Katzen vor. Die Polypen entstehen im Epithel der Paukenblase (Bulla tympanica) oder in der Eustachischen Röhre und werden als Ohrpolypen bezeichnet, wenn sie in den Gehörgang wachsen, bzw. als nasopharyngeale Polypen, wenn sie sich im Nasopharynx befinden. In diesem Fall sind die Bullae tympanicae von entzündlichem Gewebe betroffen, welches durch Obstruktion der Eustachischen Röhre und nicht durch das Wachstum des Polypen entsteht. Ein Wachstum in Richtung Nasopharynx und zum Ohr ist ungewöhnlich.

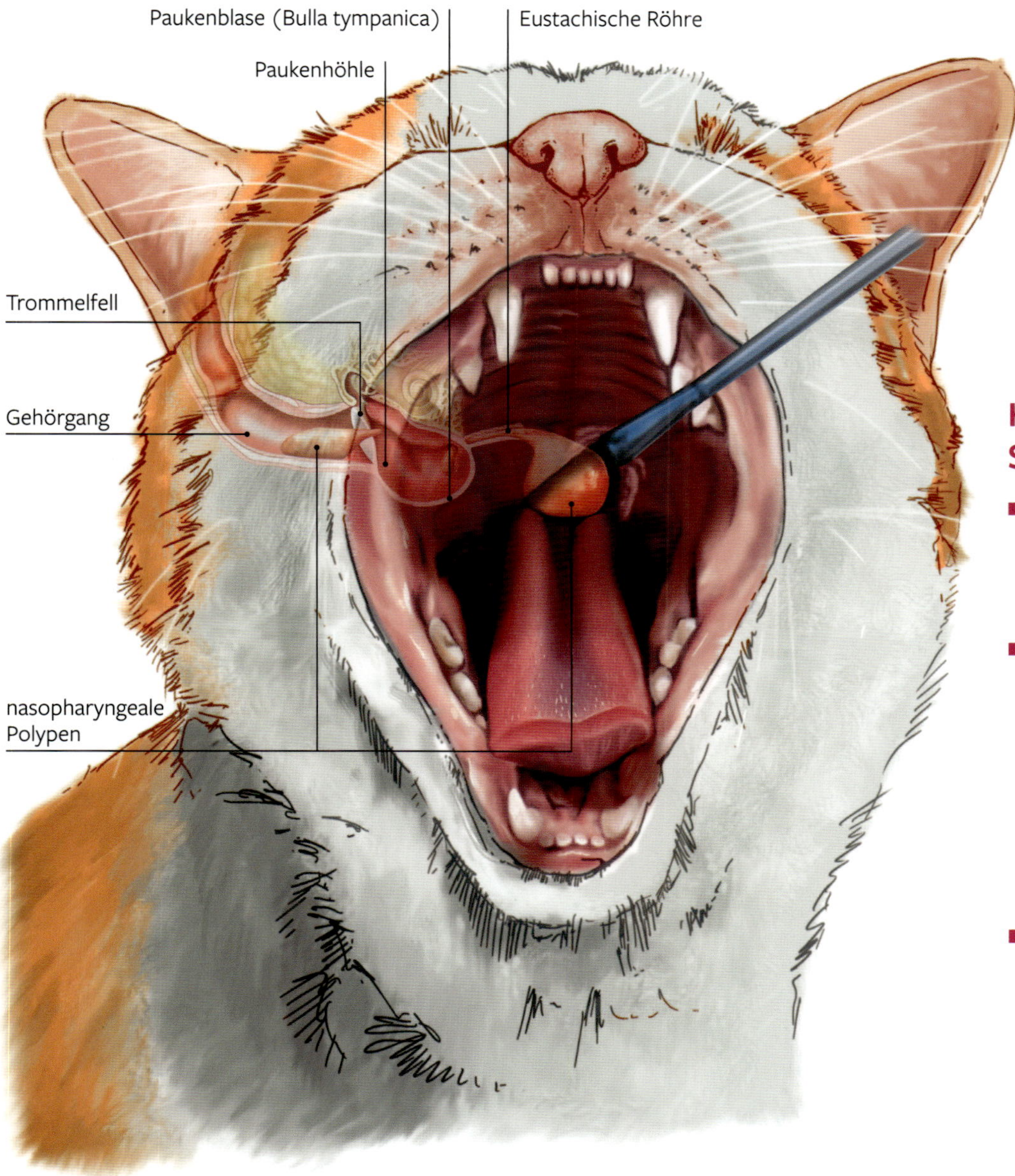

Nasopharyngeale Polypen entstehen sekundär nach entzündlichen oder infektiösen Prozessen des Respirationstraktes oder des Mittelohrs.

Klinische Symptome

- Diese sind chronisch und progressiv, sie betreffen die Atemwege oder das Innenohr.
- respiratorisch:
  - Rhinitis und Sinusitis mit chronischem Nasenausfluss und Niesen
  - Dysphagie, Zyanose und Synkopen bei einer Obstruktion der Atemwege
- Im Innenohr:
  - Otitis externa, media oder interna, abhängig von ihrer Ausbreitung, mit Ohrausfluss, Kopfschütteln, Nystagmus, vestibulärer Ataxie und Horner-Syndrom

Diagnose

- Röntgenuntersuchung des Nasopharynx
- Evaluation der Bulla tympanica mittels Computertomografie (CT)

Therapie

- nasopharyngeale Polypen: Ein chirurgischer Eingriff mit Traktion/Avulsion des Polypen vom Nasopharynx erzielt gute Ergebnisse.
- Ohrpolypen: erfordern eine ventrale Bullaosteotomie.

2.22 Hypertrophe Kardiomyopathie

Eine Kardiomyopathie tritt bei Katzen häufiger auf. Sie kann primär sein oder sekundär nach einer Hyperthyreose, Bluthochdruck, einer Obstruktion des Ausflusstrakts, Akromegalie oder Myokardneoplasie auftreten; diese Erkrankungen müssen daher ausgeschlossen werden. Möglicherweise gibt es keine klinischen Symptome, bis die Kardiomyopathie sehr fortgeschritten ist, weshalb eine frühe Diagnose mittels Echokardiografie unerlässlich ist.

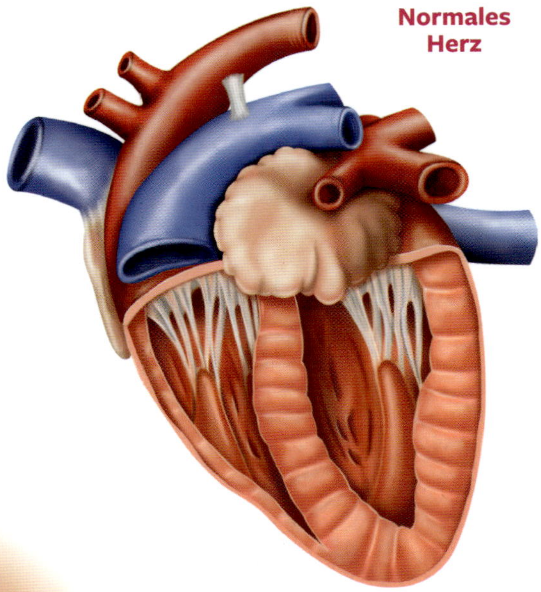

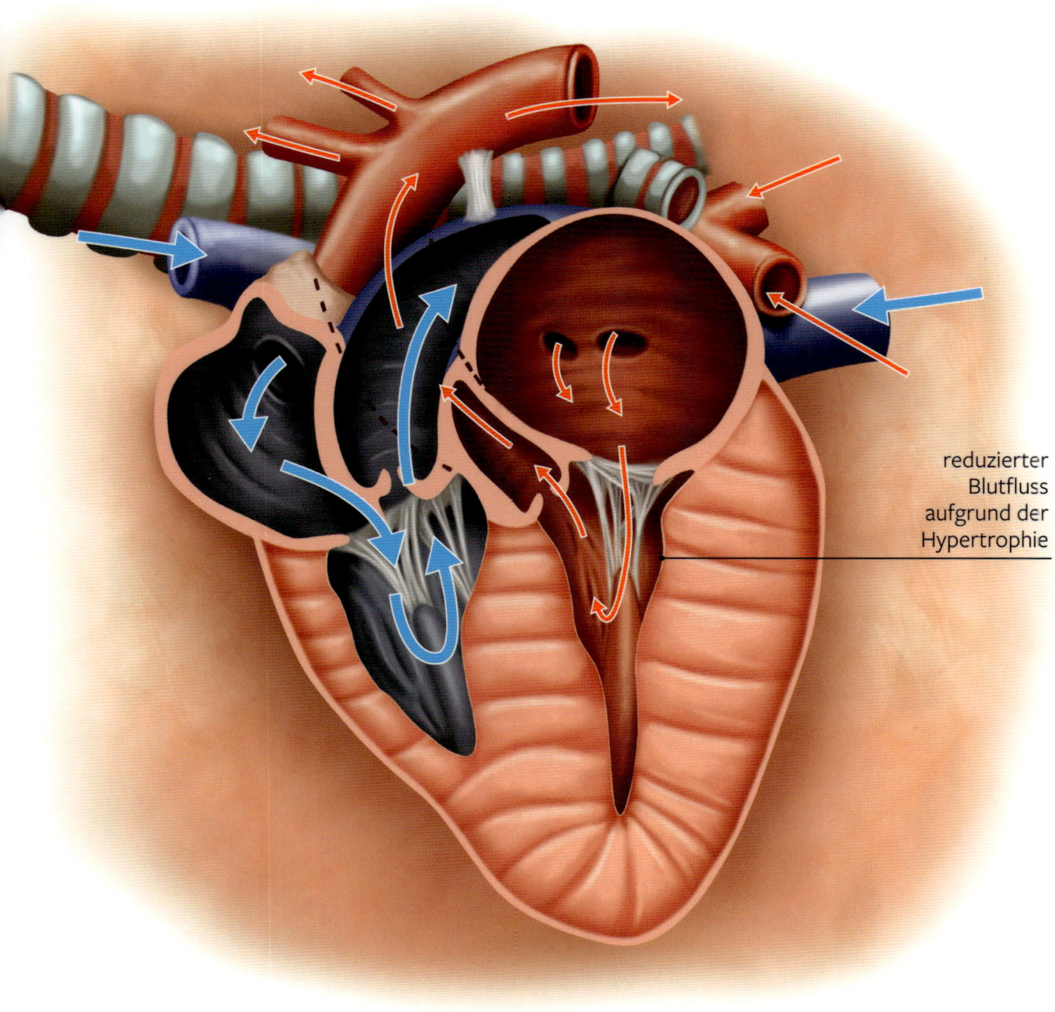

Fast alle Rassen sind betroffen; trotzdem gibt es eine genetische Prädisposition bei Maine Coon, Ragdoll, Norwegischer Waldkatze und Britisch Kurzhaar.

Der linke Ventrikel kann aufgrund der Wandhypertrophie nicht ausreichend gefüllt werden (diastolische Dysfunktion).

Konservative Therapie

Jedes Stadium erfordert eine unterschiedliche Behandlung; bei sehr frühem Stadium wird keine spezielle Behandlung empfohlen.

Klinische Symptome

- Herzgeräusch (ca. 60 % der Katzen mit Kardiomyopathie)
- Galopprhythmus
- Gliedmaßenparalyse aufgrund einer Thromboembolie der Aorta (7 % der Katzen)
- akute respiratorische Störungen aufgrund eines Lungenödems und/oder eines Pleuraergusses

2.23 Restriktive Kardiomyopathie

Die restriktive Kardiomyopathie ist nach der hypertrophen Kardiomyopathie die häufigste myokardiale Erkrankung. Sie kann primär sein, verursacht durch eine Myokarditis und Virusinfektion, oder sekundär auftreten, wie es in den Endstadien von hypertropher Kardiomyopathie, einer Herzklappenerkrankung oder beim Myokardinfarkt der Fall ist. Die restriktive Kardiomyopathie wird in der Regel diagnostiziert, wenn die Patienten Anzeichen einer kongestiven Herzinsuffizienz zeigen.

Kardioechografische Zeichen

- Eine Dilatation des linken Atriums oder beider Vorhöfe kann möglicherweise festgestellt werden.
- Die Dicke des Myokards ist normal oder leicht erhöht.
- Bindegewebe wird im Interventrikularseptum, in den Papillarmuskeln oder in der Ventrikelwand entdeckt, kann aber auch im Myokard und Endokard vorkommen.
- Ein Perikarderguss ist in fortgeschrittenen Fällen möglich.

Verlauf

- Die Prognose ist schlecht bei einem Fortschreiten zu einer kongestiven Herzinsuffizienz oder einer Thromboembolie.
- Die Überlebenszeit beträgt gewöhnlich weniger als ein Jahr.
- Es kann zu plötzlichen Todesfällen kommen.

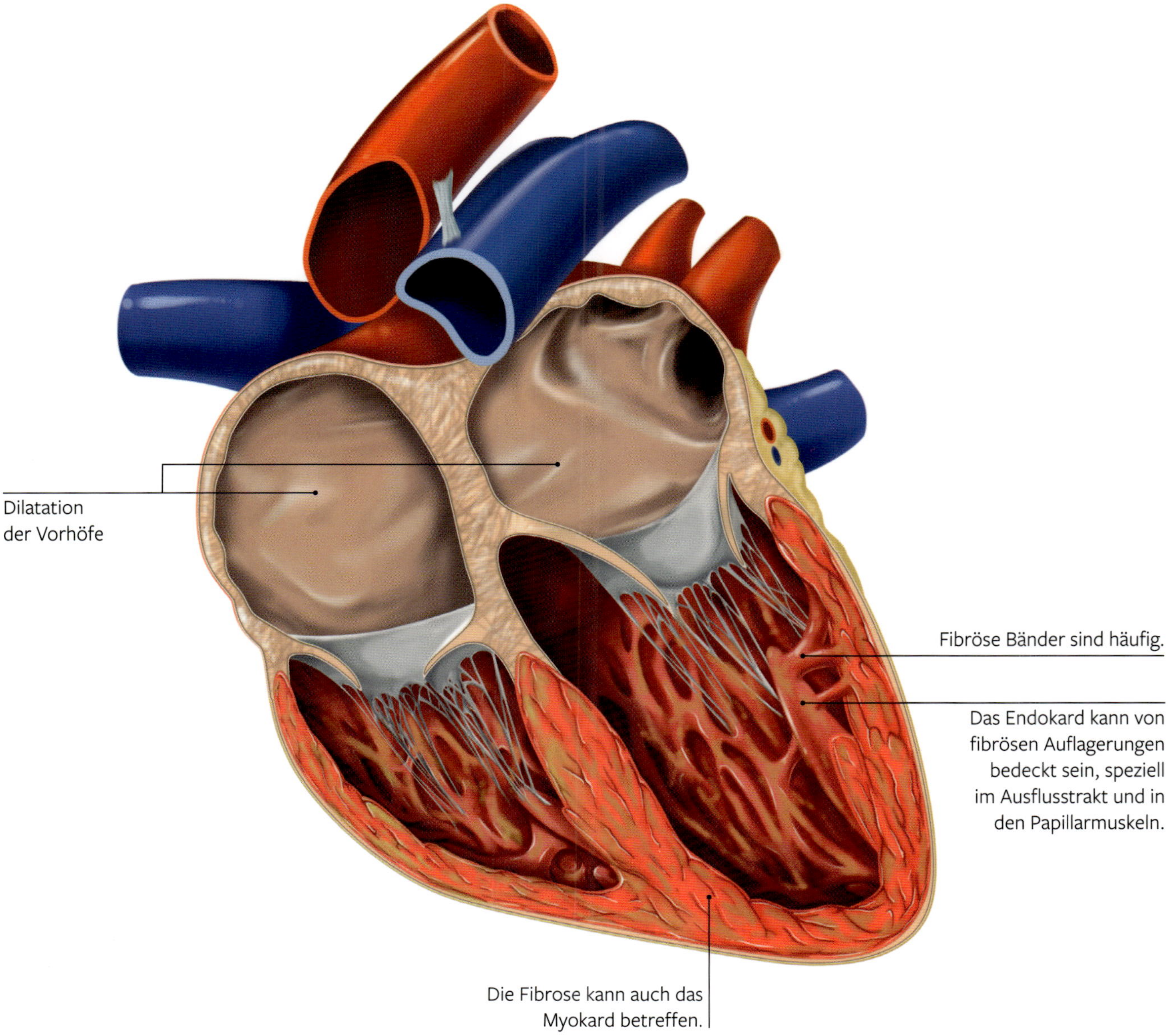

2.24 Dilatative Kardiomyopathie

Zu einer pathologischen Dilatation des Herzmuskels kann es durch einen Taurinmangel kommen (bei Katzen, die mit Hundefutter ernährt werden). In den meisten Fällen ist sie aber idiopathisch oder stellt das Endstadium einer nicht diagnostizierten Herzklappenerkrankung oder einer ischämischen Myokarderkrankung dar.

Rasseprädisposition: Siamesen, Burmesen und Abessinier.

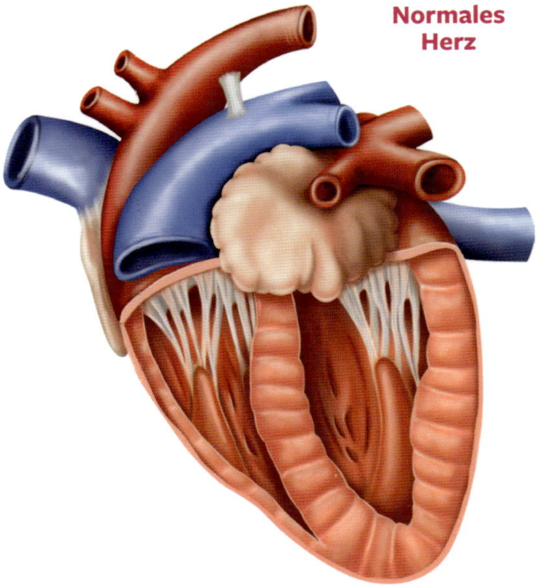

Normales Herz

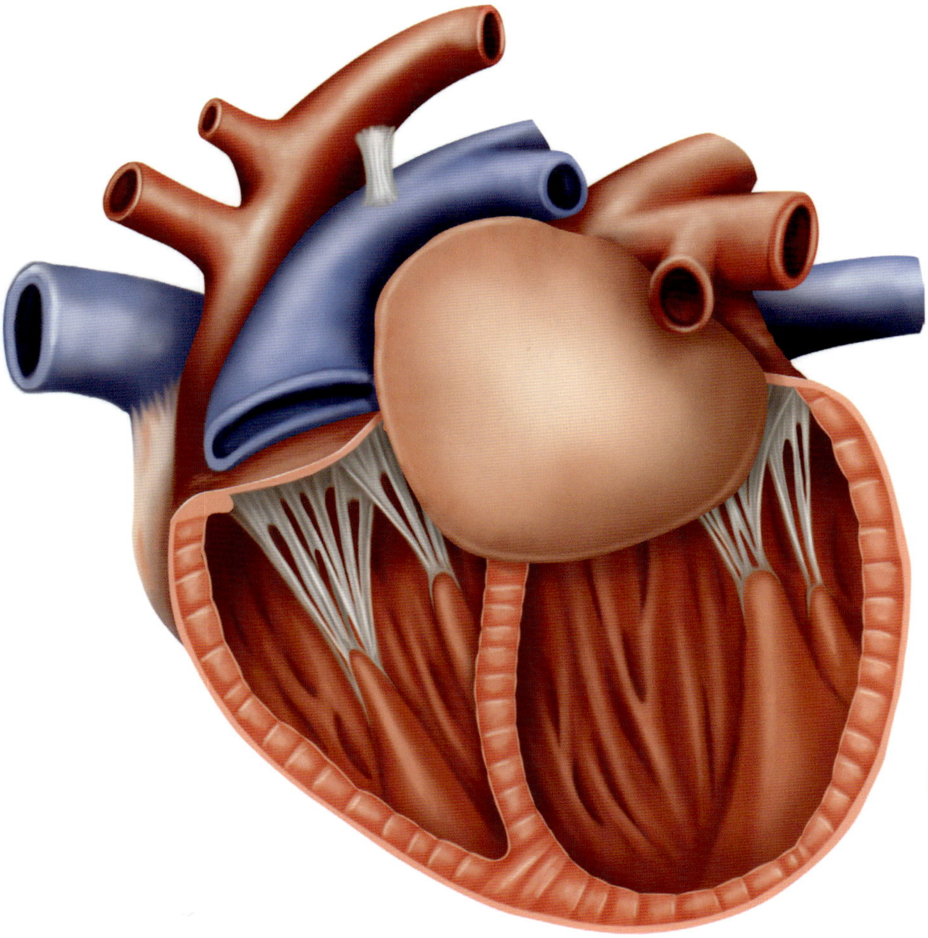

Dilatiertes Herz

Klinische Symptome

- Herzgeräusch (ca. 60 % der Katzen mit Kardiomyopathie)
- Galopprhythmus
- Gliedmaßenparalyse bedingt durch eine Thromboembolie der Aorta (7 % der Katzen)
- akute Atemprobleme aufgrund eines Lungenödems und/oder eines Pleuraergusses
- zunehmender Gewichtsverlust und Schwäche

Das Tier kann symptomlos bleiben, bis die Krankheit sehr fortgeschritten ist; deshalb ist eine frühe Diagnose mittels Echokardiografie unbedingt erforderlich.

Konservative Therapie

Die Verabreichung von Taurin kann die Erkrankung beheben, die Taurinwerte sollten regelmäßig bestimmt werden.

Taurin

- Essenzielle Aminosäure für eine normale Funktion des Herzmuskels, der Augen und der Fortpflanzung, zusätzlich weitere Funktionen.
- Katzen können Taurin nicht ausreichend selbst synthetisieren und benötigen deswegen mit Taurin angereicherte Nahrung.
- Taurinmangel kann Blindheit, dilatative Kardiomyopathie, Wachstumsdefizite und Fortpflanzungsstörungen verursachen.

2.25 Arterielle Thromboembolie

Dies ist eine häufige Komplikation bei allen Arten von feliner Kardiomyopathie. Andere Ursachen einer Thromboembolie sind: arterielle Thrombose aufgrund einer Gefäßschädigung, Infektion oder eines Tumors (Lungenkarzinom).

In seltenen Fällen können die Vordergliedmaßen, Gehirn-, Nieren- oder Mesenterialarterien betroffen sein.

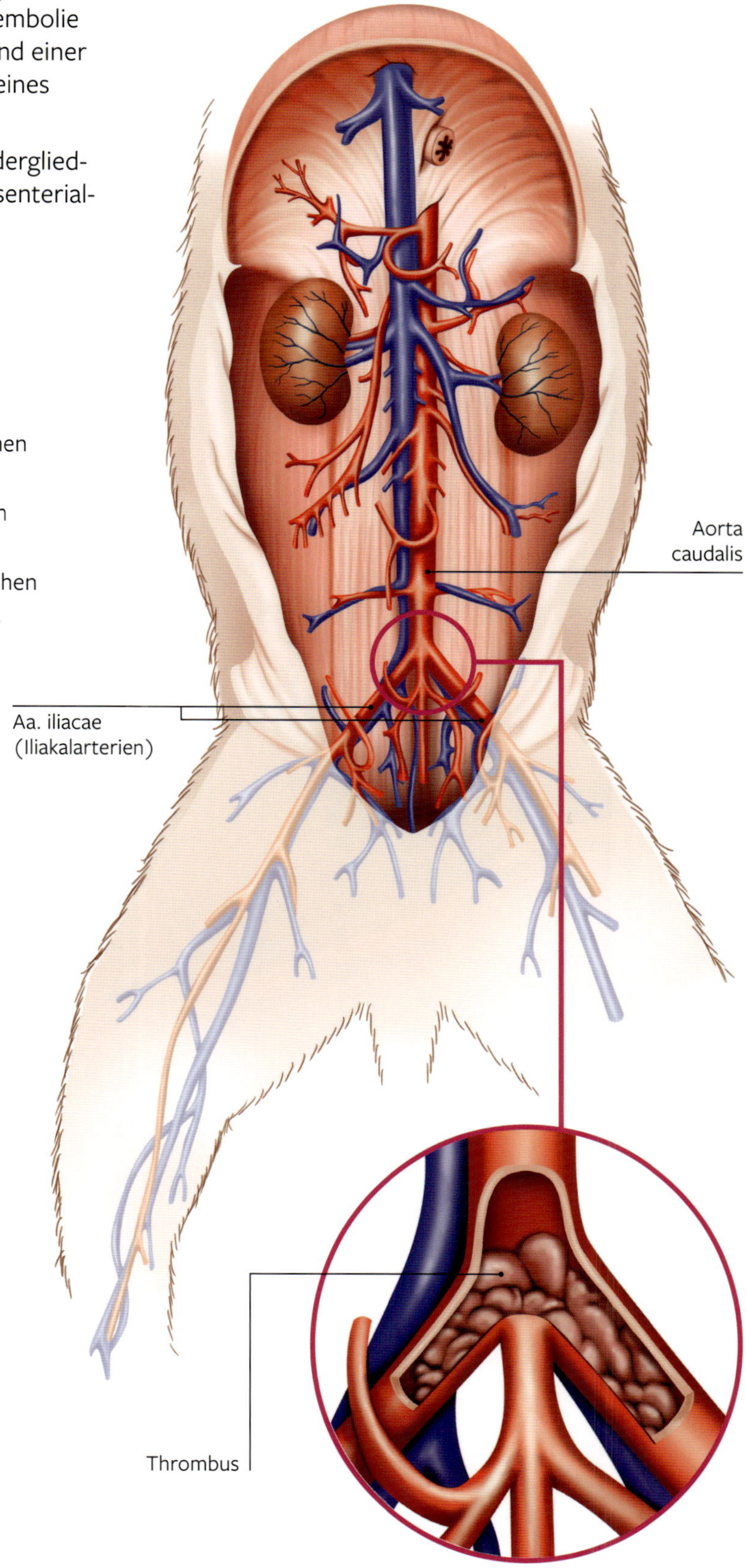

Klinische Symptome

- akuter, quälender Schmerz
- Paralyse oder Parese der betroffenen Gliedmaßen
- Die betroffenen Gliedmaßen haben keinen Puls, sind blass und kalt.
- Manche Katzen haben auch Anzeichen einer kongestiven Herzinsuffizienz.

Prognose

- Schlecht, die Sterblichkeit ist hoch.
- Katzen, bei denen nur eine Gliedmaße betroffen ist, haben eine bessere Prognose.

Die meisten Thromben sind in der Bifurcatio aortae lokalisiert, was eine Paralyse einer oder beider hinterer Gliedmaßen verursacht.

2.26 Katzenhusten

Verschiedene Krankheiten können einen Katzenhusten verursachen. Der häufigste Grund für einen Husten ist die feline entzündliche Bronchialerkrankung, mit zwei Entitätengruppen: dem bronchialen Asthma und der chronischen Bronchitis.

Differenzialdiagnose

- bakteriell: *Mycoplasma* spp., *Bordetella bronchiseptica*
- parasitär: *Aelurostrongylus abstrusus*, *Toxoplasma gondii*, *Toxocara cati*
- viral: akute Herpesvirus- und Calicivirus-Pneumonitis
- neoplastisch: bronchiales oder bronchoalveoläres Karzinom
- entzündliche Bronchialerkrankung:
  - Asthma
  - chronische Bronchitis

Diagnose

Erfordert ein geordnetes diagnostisches Vorgehen:

- Thoraxröntgen
- Sonografie der Lunge
- Ausschluss von Lungenparasiten
- bronchoalveoläre Lavage: blind durchgeführt oder mittels Bronchoskopie. An den erhaltenen Proben werden verschiedene Tests durchgeführt: Zytologie, Kultur und PCR-Test auf *Mycoplasma* spp. Dieser Test ermöglicht eine Unterscheidung zwischen chronischer und asthmatischer Bronchitis.

! Die bronchoalveoläre Lavage ist für die definitive Diagnose einer chronischen oder asthmatischen Bronchitis unbedingt erforderlich.

2.27 Felines Asthma

Das feline Asthma ist die häufigste Bronchialerkrankung bei Katzen. Es wird verursacht durch Überempfindlichkeitsreaktionen auf eingeatmete Allergene (Staub, Pollen, Milben) oder anderen Faktoren (Temperaturveränderungen, Medikamente, Bewegung, Infektionen etc.), die eine chronische Entzündung der unteren Atemwege mit einer Erhöhung der Schleimproduktion und Bronchokonstriktion hervorrufen.

Die Diagnose erfordert bildgebende Techniken und eine bronchoalveoläre Lavage.

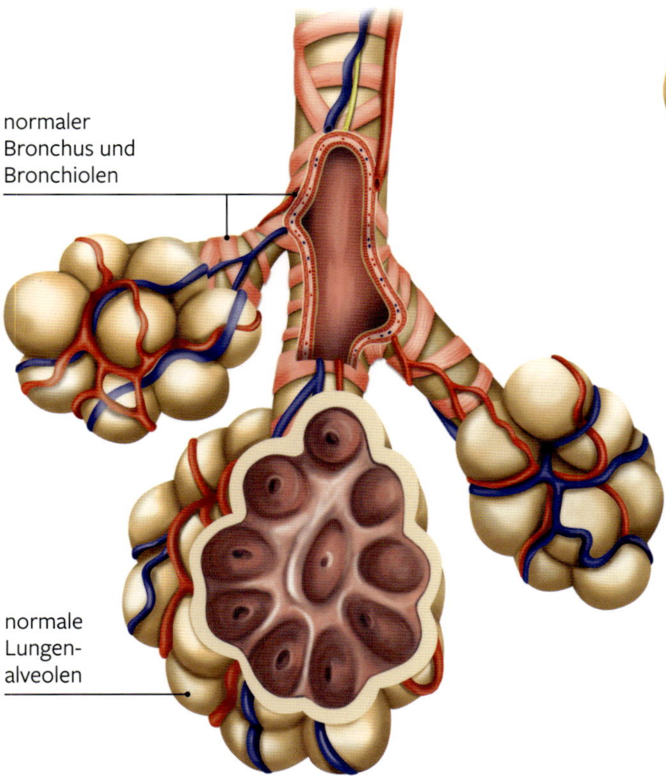

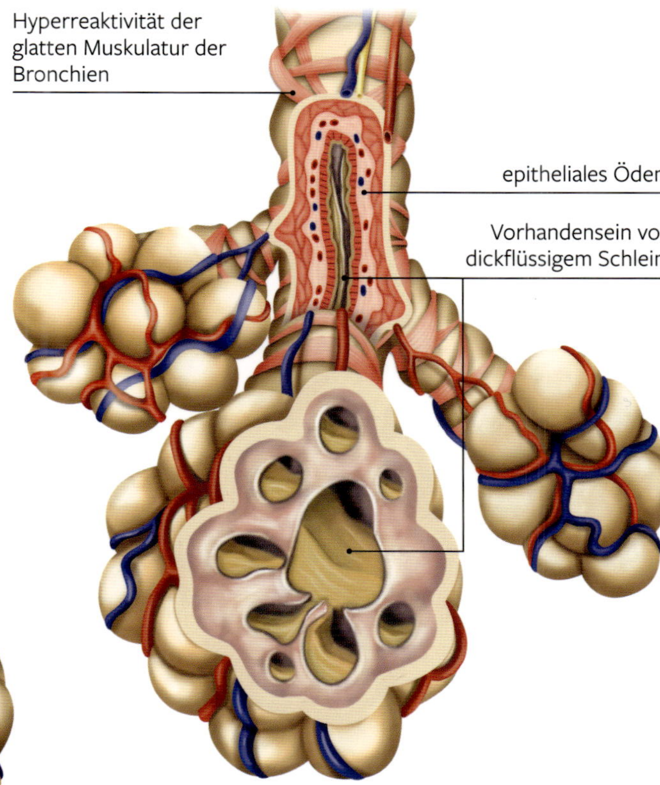

Klinische Symptome

- chronischer oder intermittierender Husten variabler Intensität
- Atemprobleme aufgrund einer akuten Bronchokonstriktion in schweren Fällen

Konservative Therapie

- Kortikosteroid-Inhalationen, verabreicht mit einem speziellen Aerosolbehälter für Katzen, sind die Behandlung der Wahl.
- Eine Immuntherapie mittels einer monatlichen Injektion eines Vakzins gegen die verantwortlichen Allergene kann bei einem Großteil der Asthmafälle erfolgreich sein.

Empfehlungen

Um unverträgliche Stoffe in der Umgebung zu vermeiden:

- Klumpstreu verwenden, keine Katzentoiletten mit Deckel/Haube benutzen
- nicht rauchen, keine Sprays, Weihrauch oder Lufterfrischer verwenden
- regelmäßig staubsaugen

2.28 Pneumothorax

Luftansammlung im Pleuralraum, die zu schweren und akuten Atemproblemen führt (Dyspnoe).

Arten des Pneumothorax

- **offen:** Defekt in der Thoraxwand, über den Luft von außen in den Pleuralraum eindringt.
- **geschlossen:** Luft gelangt über ein Leck von der Lunge, den Bronchien, der kaudalen Trachea oder dem Ösophagus in den Pleuralraum.
- **Spannungspneumothorax:** Riss in der Pleura, der bei Inspiration Luft hereinlässt, aber bei Exspiration nicht mehr hinauslässt. Dies ist ein akut lebensbedrohlicher Notfall und muss schnellstmöglich behandelt werden.

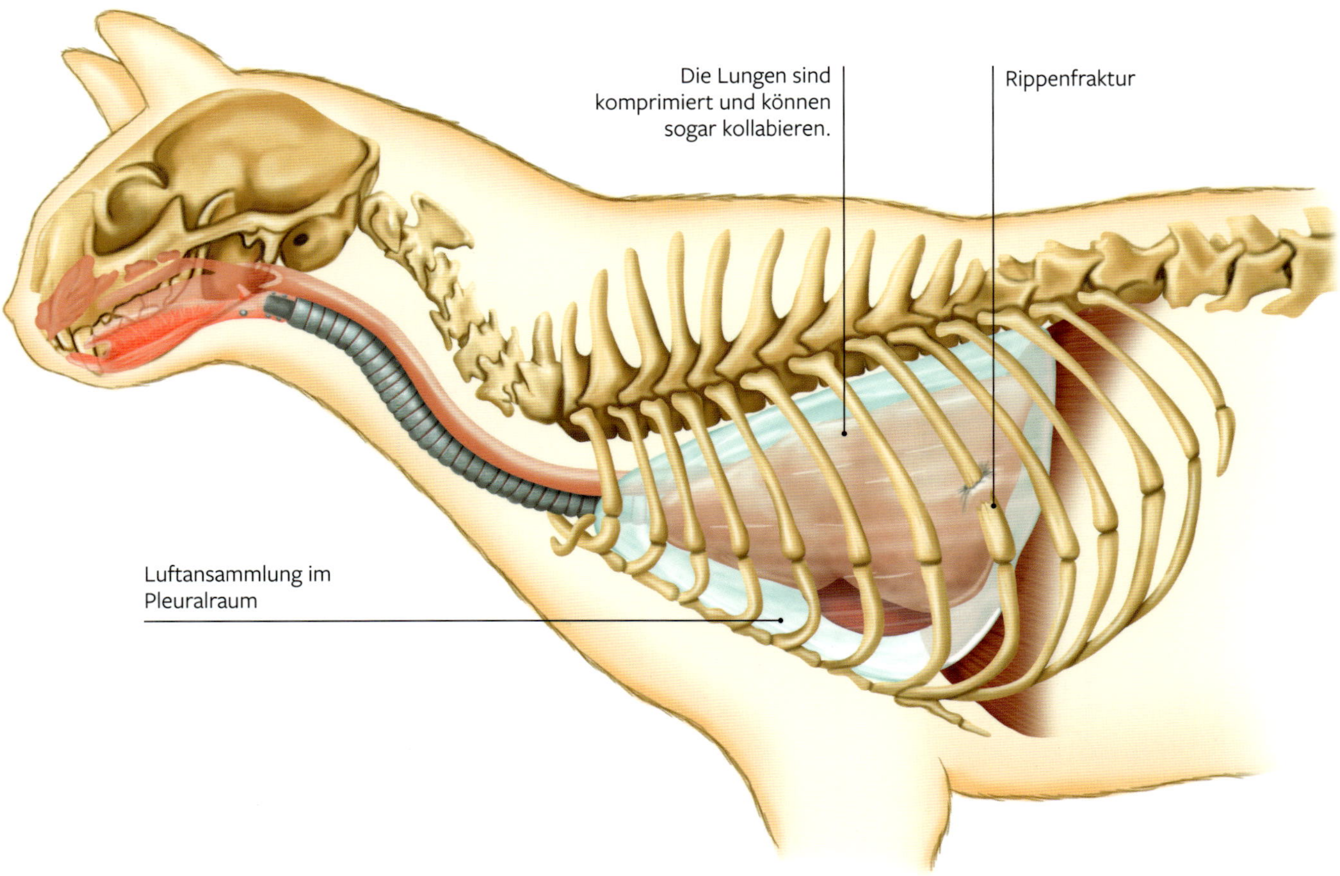

Konservative Therapie

- Sauerstoffverabreichung und Schmerztherapie
- Thorakozentese und Entfernung von Luft aus dem Pleuralraum

Chirurgische Therapie

Selten notwendig.

Ein Pneumothorax kann durch ein Trauma entstehen oder spontan aufgrund einer schweren Lungenerkrankung (Tumore, Bronchopneumonie), die zu einer Nekrose der viszeralen Pleura führt.

2.29 Pleuraerguss

Es handelt sich um die Anwesenheit von Flüssigkeit im Pleuralraum, die zunehmende Atemprobleme verursacht.

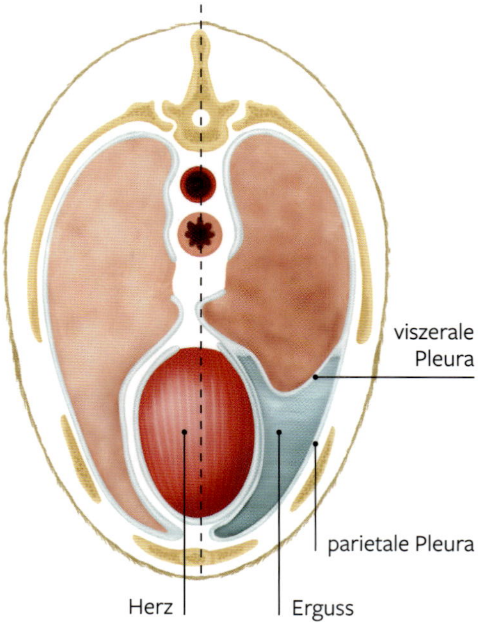

Flüssigkeitsarten und Ursachen

- **Transsudat:** Hypalbuminämie, Flüssigkeitsüberlastung, kongestive Herzinsuffizienz
- **modifiziertes Transsudat:** kongestive Herzinsuffizienz, entzündliche/obstruktive Prozesse
- **Exsudat:** Pyothorax, Neoplasie, Infektionskrankheit, FIP (Feline infektiöse Peritonitis)
- **Chylothorax:** idiopathisch, traumatisch (rupturierter Ductus thoracicus), Neoplasie, Lungenlappentorsion, kongestive Herzinsuffizienz
- **Hämorrhagie:** Trauma, Koagulopathie, Neoplasie

Klinische Symptome

- zunehmende und schwere Atembeschwerden

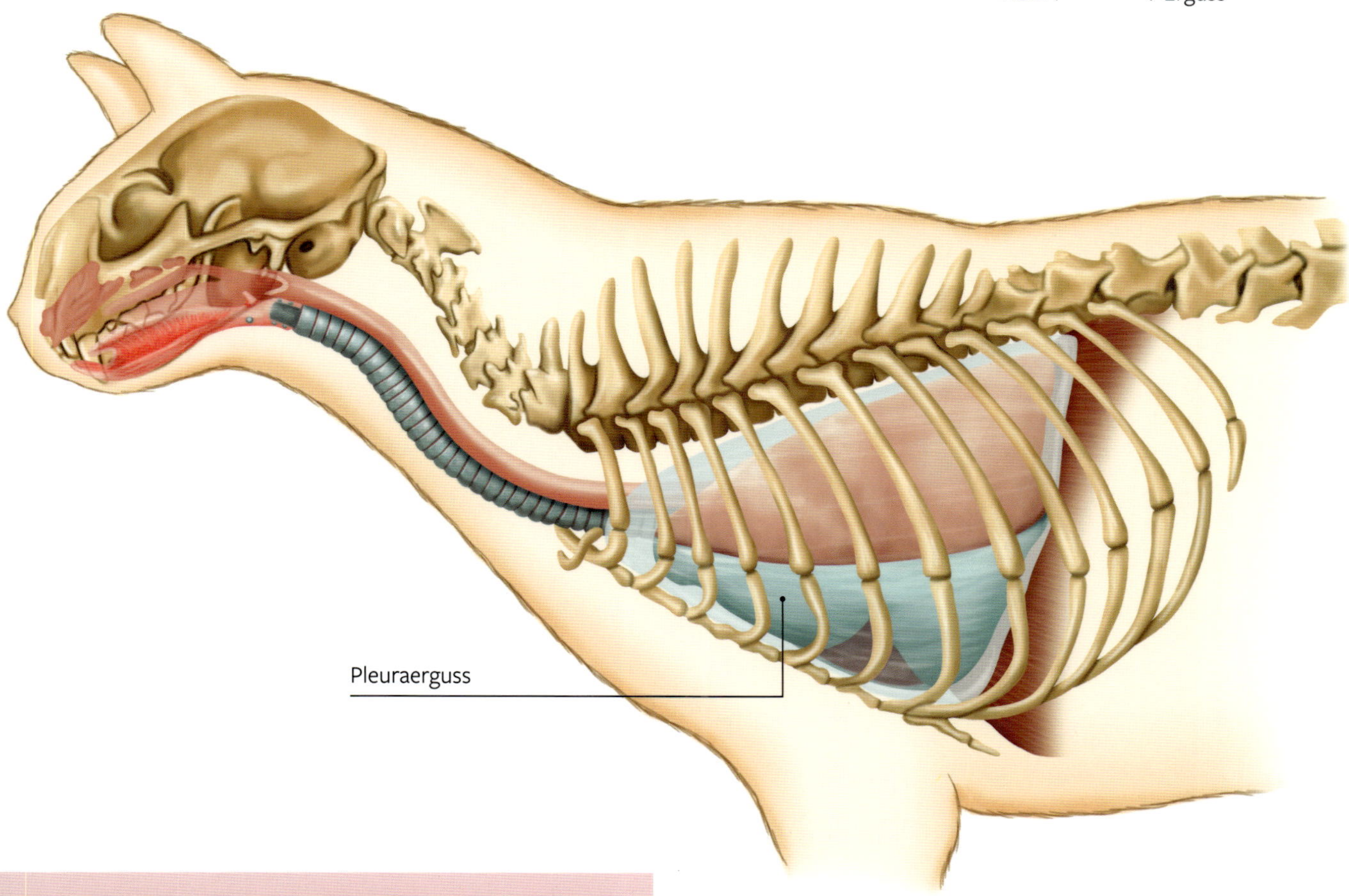

Konservative/chirurgische Therapie

Abhängig von der zugrunde liegenden Ursache des Ergusses.

Durch die Entfernung der Flüssigkeit kann einerseits die Ursache diagnostiziert werden (Analyse der Inhaltsstoffe), gleichzeitig erleichtert es der Katze die Atmung.

2.30 Zwerchfellhernie

Traumatisch und peritoneoperikardial

Traumatisch

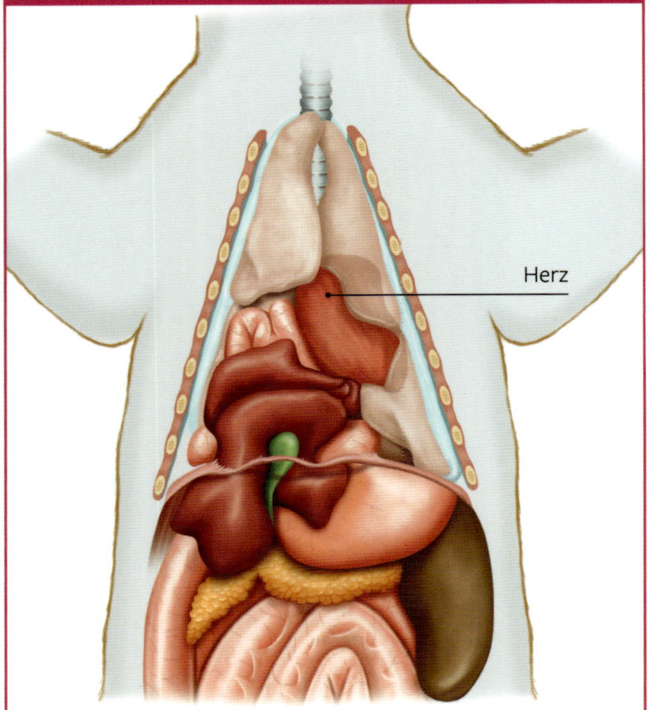

Bei einer traumatischen Zwerchfellruptur können eines oder mehrere abdominale Organe in den Brustkorb (Thorax) gelangen.

- **Ursachen:** Verkehrsunfälle oder Fall aus großer Höhe
- **Klinische Symptome:**
  - akute Form: Atemprobleme und schmerzender Brustkorb
  - chronische Form (wenn es nicht diagnostiziert oder behandelt wurde), abhängig von den vorgefallenen Organen:
    - Atemprobleme bei Belastung
    - reduziertes Allgemeinbefinden, Anorexie
    - Verdauungsstörungen

Peritoneoperikardial

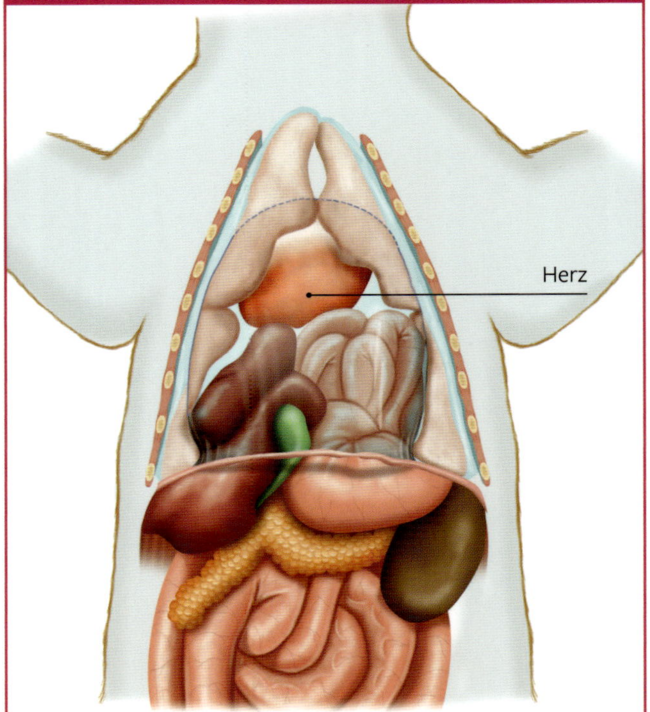

- **Ursachen:** kongenitale Fehlbildung, durch die Perikard- und Pleuralhöhle miteinander verbunden sind und das Herz permanent von abdominalen Strukturen umgeben ist.
- **Prädisposition:** langhaarige Rassen und Himalaya-Katzen
- **Klinische Symptome:**
  - Abhängig vom vorgefallenen Organ und davon, ob es ausreichend mit Blut versorgt wird. In der Regel sind Leber, Dünndarm, Milz und Magen betroffen.
  - kann asymptomatisch sein
  - Gastrointestinale Symptome und Anorexie, wenn der Darm betroffen ist.

Chirurgische Therapie

- Wiederherstellung des Zwerchfells
- Bei einer peritoneoperikardialen Hernie, die klinische Symptome verursacht (gastrointestinale Obstruktion), oder wenn die Blutversorgung der abdominalen Organe gestört ist.
- Wenn ein Leberlappen oder ein Teil des abdominalen Fettgewebes vorgefallen ist, und keine klinischen Symptome vorhanden sind, ist möglicherweise ein chirurgischer Eingriff erforderlich.

2.31 Hyperthyreoidismus

Unkontrollierte Produktion von Schilddrüsenhormonen, Thyroxin (T4) und Trijodthyronin (T3), durch die Schilddrüse, entweder aufgrund einer nodulären Hyperplasie oder eines gutartigen Adenoms (ca. 1 % der betroffenen Tiere entwickeln ein Schilddrüsenkarzinom).

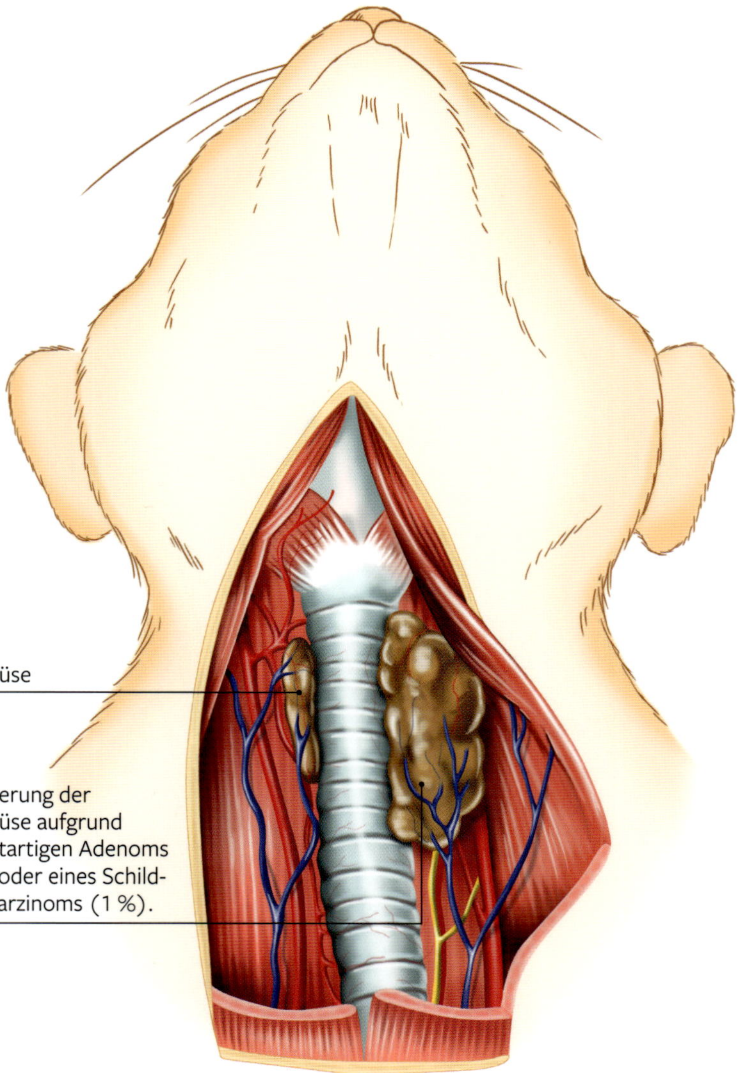

normale Schilddrüse

Vergrößerung der Schilddrüse aufgrund eines gutartigen Adenoms (99 %) oder eines Schilddrüsenkarzinoms (1 %).

Risikofaktoren

- Katzen > 6 Jahre
- Goitrogene („kropffördernde") Substanzen in bestimmten Futtermitteldosen mit Ringverschluss („easy open") und in Zusatzstoffen, die in Nassfutter auf Fisch- oder Leberbasis enthalten sind.
- Futtermittel mit sehr variablen Jodgehalten (von mangelhaft bis übermäßig)

Klinische Symptome

- ein- oder beidseitiger Knoten in der Halsregion (80–90 % der Fälle)
- zunehmender Gewichtsverlust, Polyphagie, Hyperaktivität
- Verdauungstrakt: chronisches Erbrechen, Durchfall
- Herz: Hypertonie, hypertrophe Kardiomyopathie
- Leber: erhöhte Leberenzymwerte

Es handelt sich um die häufigste endokrine Erkrankung bei Katzen.

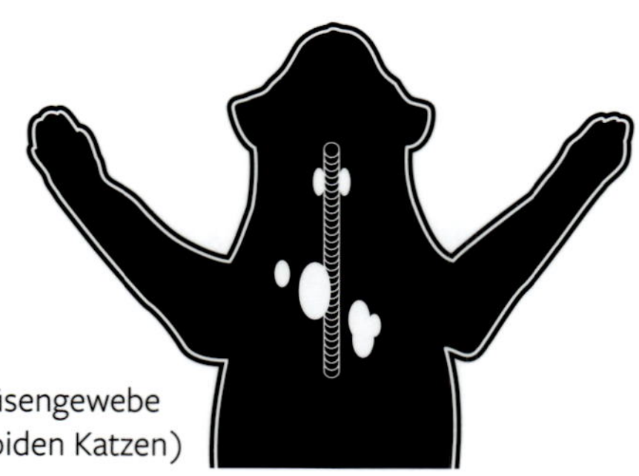

ektopisches Schilddrüsengewebe (20 % der hyperthyroiden Katzen)

Therapie

- Langzeitbehandlung: mit oralen Wirkstoffen oder einer strengen jodarmen Diät. Dies kontrolliert die Symptome, beugt aber keinem Tumorwachstum vor.
- kurative Therapie:
  - radioaktives Jod (I-131)
  - chirurgischer Eingriff (Thyreoidektomie)

2.32 Diabetes mellitus bei Katzen

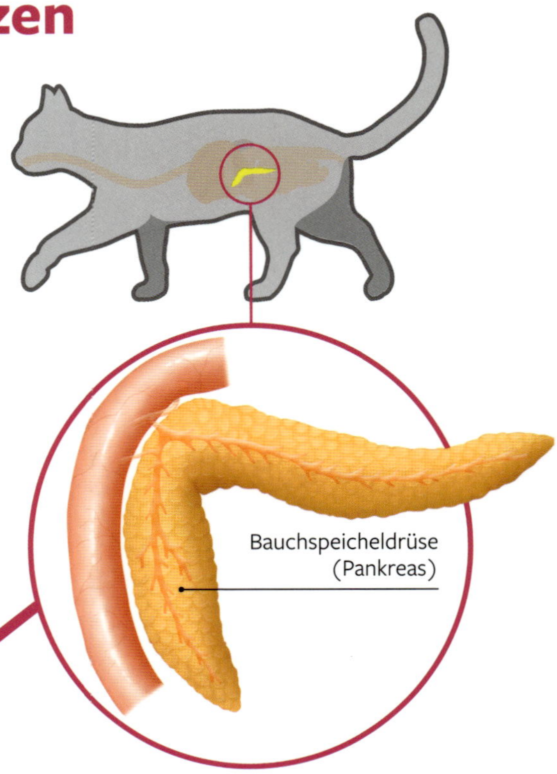

Risikofaktoren

- Alter: Die meisten Katzen sind bei Diagnosestellung > 6 Jahre alt (höhere Inzidenz in einem Alter von 10–13 Jahren).
- Rasse: Burmesen sind prädisponiert
- Inaktivität: sehr häufig bei Katzen, die nur in Innenräumen gehalten werden
- Übergewicht: der wichtigste Faktor, vor allem bei männlichen Tieren
- Infektionen und Entzündungen: Parodontitis, Harnwegsinfektionen, Pyodermie, Pankreatitis etc.
- Behandlung mit Kortikosteroiden oder Gestagenen

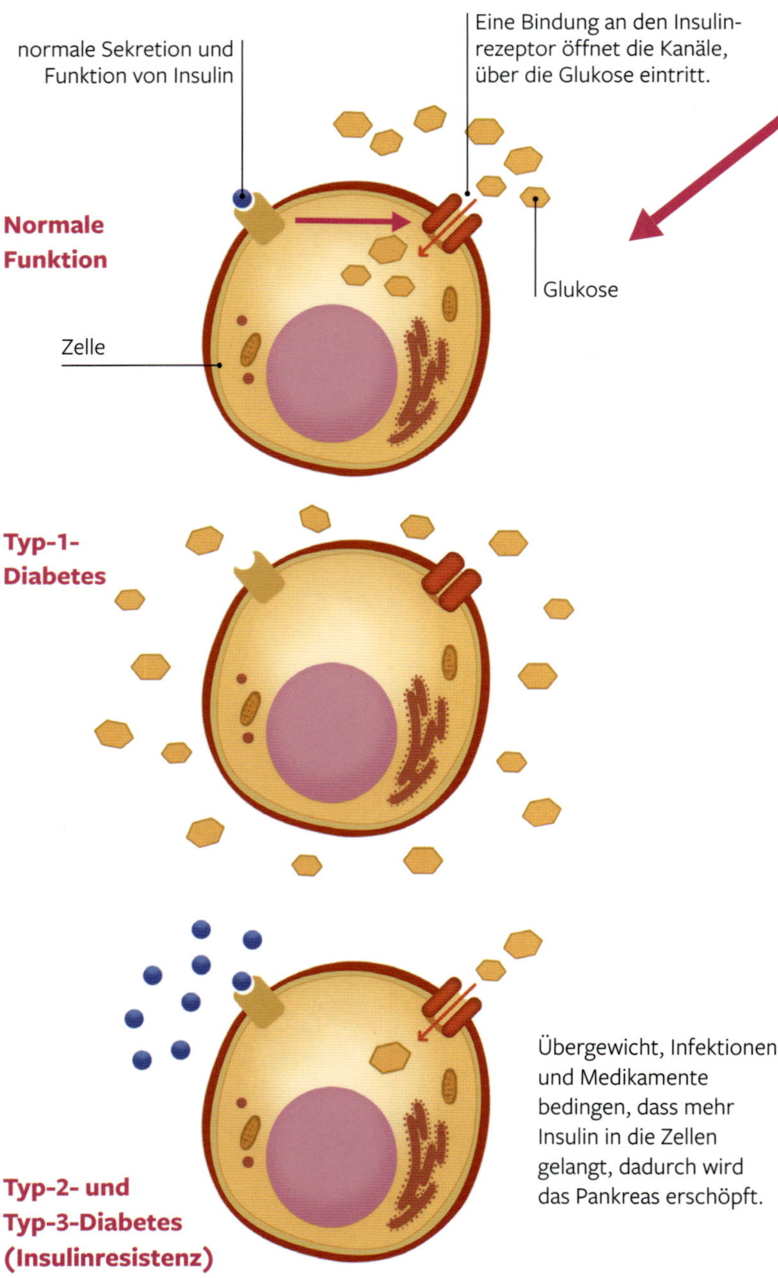

Bei bis zu 67 % der Katzen, die mit Insulin und einer speziellen Diät für diabetische Katzen behandelt werden, kommt es zu einer raschen Erholung nach der Diagnosestellung.

Klinische Symptome

- Polyurie/Polydipsie
- Polyphagie
- Gewichtsverlust
- diabetische Neuropathie: Schwäche der Hintergliedmaßen und in schweren Fällen auch der Vordergliedmaßen

Typ-1-Diabetes: Zerstörung der Pankreaszellen durch das Immunsystem

Typ-2-Diabetes: Kombination einer ungenügenden Sekretion von Insulin und einer Resistenz gegenüber seiner Wirkung in Geweben (aufgrund von Übergewicht, Infektionen etc.)

Typ-3-Diabetes: verursacht durch Erkrankungen, die zu einer ausgeprägten Resistenz gegenüber der Insulinwirkung führen: Hyperadrenokortizismus, Akromegalie, Pankreatitis, Pankreasadenokarzinom, Glukokortikoidverabreichung etc.

2.33 Akromegalie

Zu einer Akromegalie kommt es, wenn die Hypophyse überschüssiges Wachstumshormon produziert (aufgrund eines Adenoms oder, seltener, eines Karzinoms). Dieser Überschuss an Wachstumshormon verursacht einen Typ-3-Diabetes bei Katzen, da die Insulinrezeptoren besetzt sind und deshalb resistent werden bzw. ihrer Aufgabe nicht mehr nachkommen können.

Klinische Symptome

Symptome werden nur bei 25 % der Katzen mit Akromegalie festgestellt, da es sich um eine fortschreitende Erkrankung handelt und der Diabetes bereits ausbricht, bevor Akromegalie-Symptome auftreten:

- Prognathie (Hervorstehen des Kiefers) (18 %)
- Anwachsen der Gesichtsgröße (37 %)
- Gewichtszunahme
- zunehmende Größe der abdominalen Organe (40 %)
- zunehmende Länge der Gliedmaßen (13 %)

Diagnose

- Bestimmung der IGF-1*-Konzentration bei allen diabetischen Katzen nach mehreren Wochen Insulinbehandlung. Ein IGF-1-Wert >1000 ng/ml hat einen positiven prädiktiven Wert von 95 %.
- Eine Computertomografie (CT) bestätigt die Diagnose, wenn ein Größenwachstum der Hypophyse festgestellt wird.
- Eine Magnetresonanztomografie (MRT) kann die Diagnose in den Fällen sichern, bei denen der CT-Scan negativ war.

Normale Katze

Katze mit Akromegalie

Eine von vier diabetischen Katzen weist möglicherweise eine Akromegalie auf.

Therapie

- konservativ: Pasireotid scheint die Hormonkonzentrationen zu senken und das Diabetesmanagement zu verbessern.
- Strahlentherapie: Reduziert die Größe der Hypophyse und ermöglicht eine bessere Diabeteskontrolle.
- chirurgisch: Entfernung der Hypophyse (sehr komplexe chirurgische Technik)

* IGF-1: Somatomedin C oder Insulin-like growth factor 1

2.34 Fettleibigkeit

Fettleibigkeit ist eine ernstzunehmende Erkrankung, die mittels Ernährungsumstellung und Veränderungen des Lebensstils behandelt werden muss.

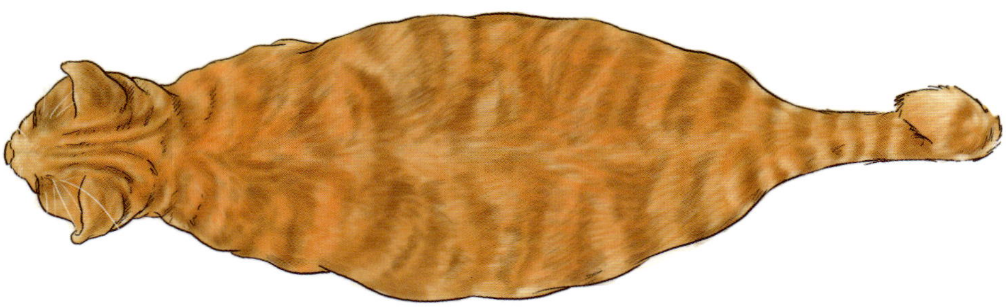

Risikofaktoren

- Kastration: reduziert den Energiebedarf von Katzen um 20 %
- Inaktivität: häufig bei Katzen, die nur im Haus gehalten werden
- Alter: Katzen zwischen 2 und 10 Jahren sind am häufigsten betroffen.
- Ernährung: Futtermittel mit einem hohen Kaloriengehalt und großer Schmackhaftigkeit

Fettleibigkeit erhöht das Risiko für bestimmte Erkrankungen.

Damit verbundene Komplikationen

- Diabetes mellitus
- Arthrose
- hepatische Lipidose (Fettleber)
- Hautveränderungen
- respiratorische Probleme
- Dystokie
- Belastungsintoleranz
- gestörte Immunabwehr
- größeres Narkoserisiko
- kürzere Lebenserwartung

Diätetische Maßnahmen

kalorienreduzierte Diät

Empfehlungen

Steigerung der täglichen Aktivität mittels interaktiver Futterautomaten und vermehrtem täglichem Spielen (Anreize mit Nepeta cataria – Katzenminze, Laserpointer etc.).

2.35 Hautstrukturen bei Katzen

Hautschichten

1. Epidermis
2. Dermis
3. subkutanes Gewebe oder Hypodermis

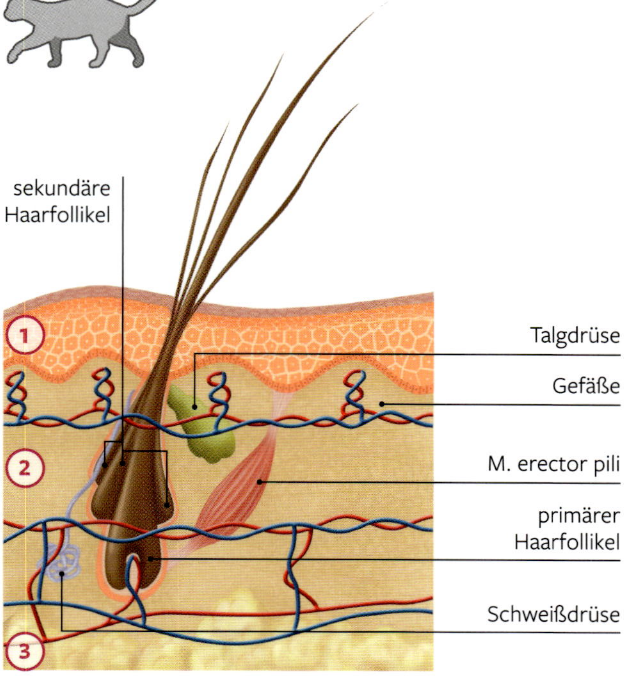

Normales Haar

Das Haar wächst bis zu einer bestimmten Länge, die abhängig von der Körperregion variiert und genetisch vorbestimmt ist.

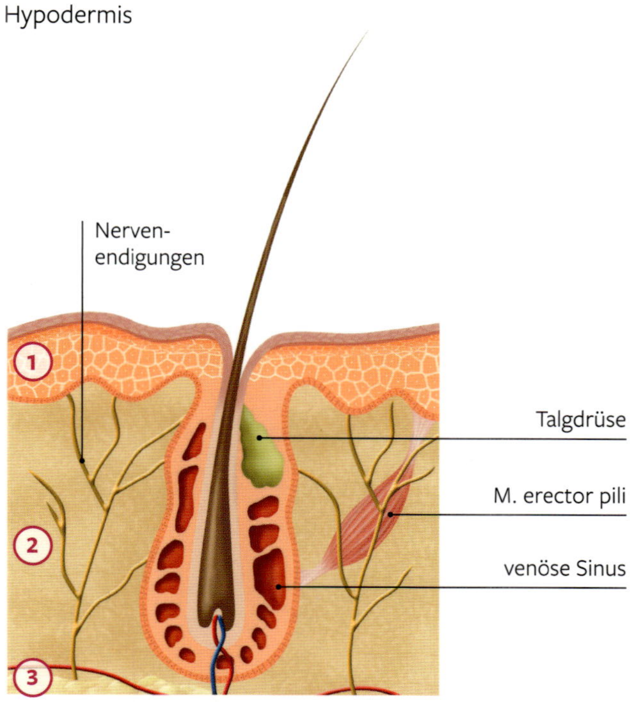

Tasthaar oder Vibrisse

- lokalisiert an jeder Seite der Nase, über den Augen, unter den Ohren (Kieferwinkel) und auf der Rückseite des Karpus
- reagiert sehr empfindlich auf Druck oder Luftbewegungen

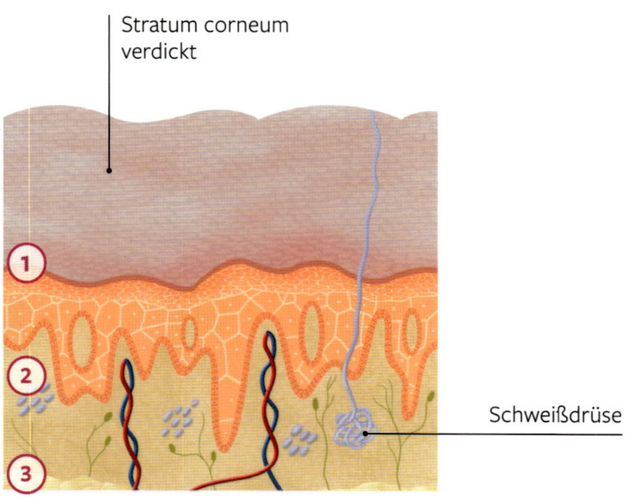

Zehenballen

- schützendes Gewebe der Pfoten, das auch einen Kisseneffekt hat
- Sekretion von Pheromonen durch die Schweißdrüsen

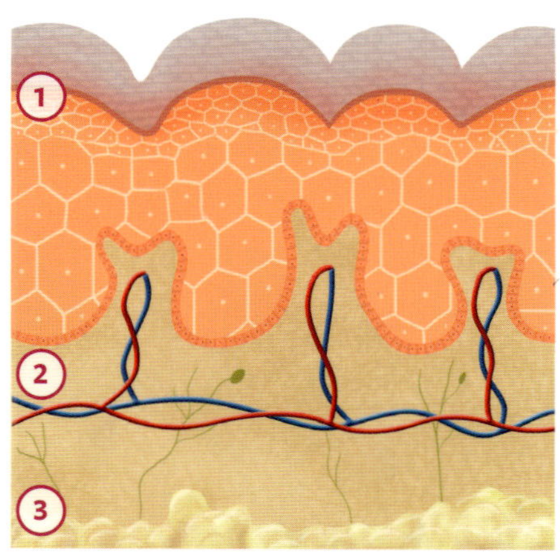

Nasenepithel

- Kann bedingt durch Rasse und Fell eine unterschiedliche Farbe haben.
- Temperatur und Feuchtigkeit sind nicht immer ein Hinweis auf den Gesundheitszustand der Katze.

2.36 Besonderheiten der Krallen

Erkrankungen der Krallen

- Makronychie: unnormal lange Krallen
- Onychalgie: schmerzende Krallen
- Onychoklasie: brechende Krallen
- Onychokryptose (Onyxie): eingewachsene Krallen
- Onychodystrophie: abnorme Krallenbildung
- Onychogrypose: hypertrophe und abnorm gekrümmte Krallen
- Onychomadese: sich ablösende Krallen
- Onychomalazie: zu weiche Krallen
- Onychorrhexis: längsgestreifte und -gebrochene Krallen
- Onychoschizie: gespaltene oder mehrblättrige Krallen
- Onychie (Onychitis): Entzündung eines Krallenteils
- Paronychie: Entzündung/Infektion des die Krallen umgebenden Gewebes

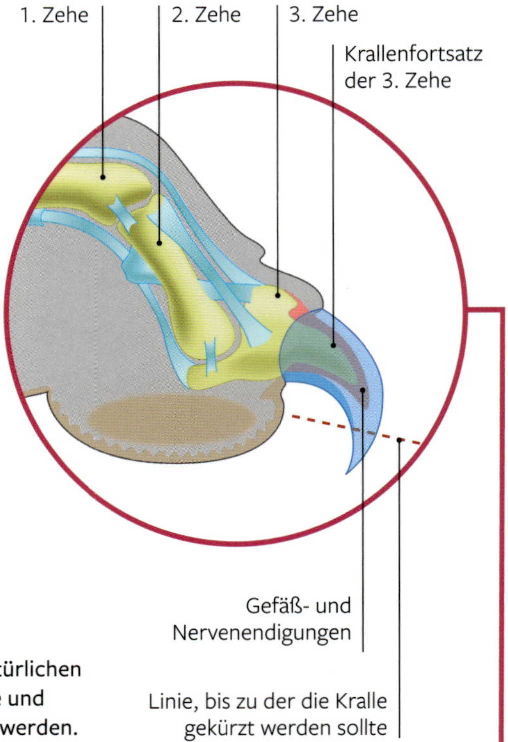

Kratzen ist Teil des natürlichen Verhaltens einer Katze und kann nicht verhindert werden.

Empfehlungen

Um zu verhindern, dass eine Katze an Sofas oder anderen Möbeln kratzt, sollte Folgendes unternommen werden:

- Kratzgegenstände an der Stelle positionieren, an der sich die Katze normalerweise ausruht.
- Kratzgegenstände sollten stabil sein und nicht wackeln, wenn an ihnen gekratzt wird. Kratzbäume sind ideal.
- Wenn die Katze bereits an Sofas oder anderen Oberflächen kratzt, diese reinigen und einen geeigneten Kratzbaum daneben platzieren.
- Eine Katze sollte nicht dazu gezwungen werden, einen Kratzgegenstand zu benutzen. Stattdessen spielerisch die Katze ermutigen, daran zu kratzen.

2.37 Feline Akne

Eine gesteigerte Aktivität der Talgdrüsen im Kinnbereich führt zur Bildung von Komedonen, die bei Katzen mit heller Fellfarbe besonders auffällig sind.

Diagnostische Tests sind: Zytologie von kutanen Zellen, Hautabstrich, Biopsie und bakterielle sowie Pilzkulturen.

Auslösende Faktoren

Multifaktorieller Prozess:

- vermehrte Fettproduktion
- Immunsuppression und Stress
- Atemwegsviren (ob sie direkte Auslöser sind oder verantwortlich für die Immunsuppression und den Stress, wird aktuell erforscht)
- bakterieller Überwuchs

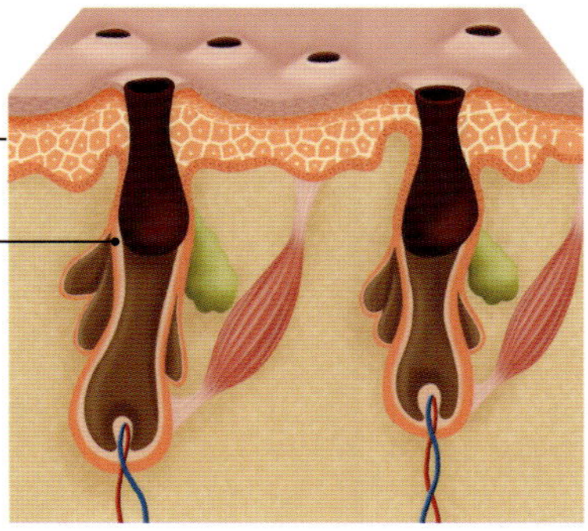

Konservative Therapie

Abhängig vom Schweregrad ist die Verabreichung einer Medikamentenkombination (Antibiotika, Antimykotika, Kortikosteroide, essenzielle Fettsäuren etc.) auf oralem und topischem Weg erforderlich.

Klinische Symptome

- Komedonen am Kinn, an der Oberlippe und Lippenkommissur
- Bei Verschlechterung treten Erytheme, Pusteln und sogar harte, entzündete Knoten (Furunkulose) auf; Abszesse in sehr schweren Fällen.
- Juckreiz bei bakterieller Infektion

2.38 Feline Hypersensitivität

Allergien

Hypersensitivität ist definiert als eine exzessive und unangemessene Immunantwort auf gewöhnlich harmlose Allergene. Sie führt zu Erkrankungen der Haut und manchmal des Verdauungssystems.

Klinische Symptome

Juckreiz in Verbindung mit einem oder verschiedenen Reaktionsmustern:

- symmetrische Alopezie
- miliare Dermatitis
- eosinophiler Granulomkomplex
- Pruritus in Gesicht und Nacken

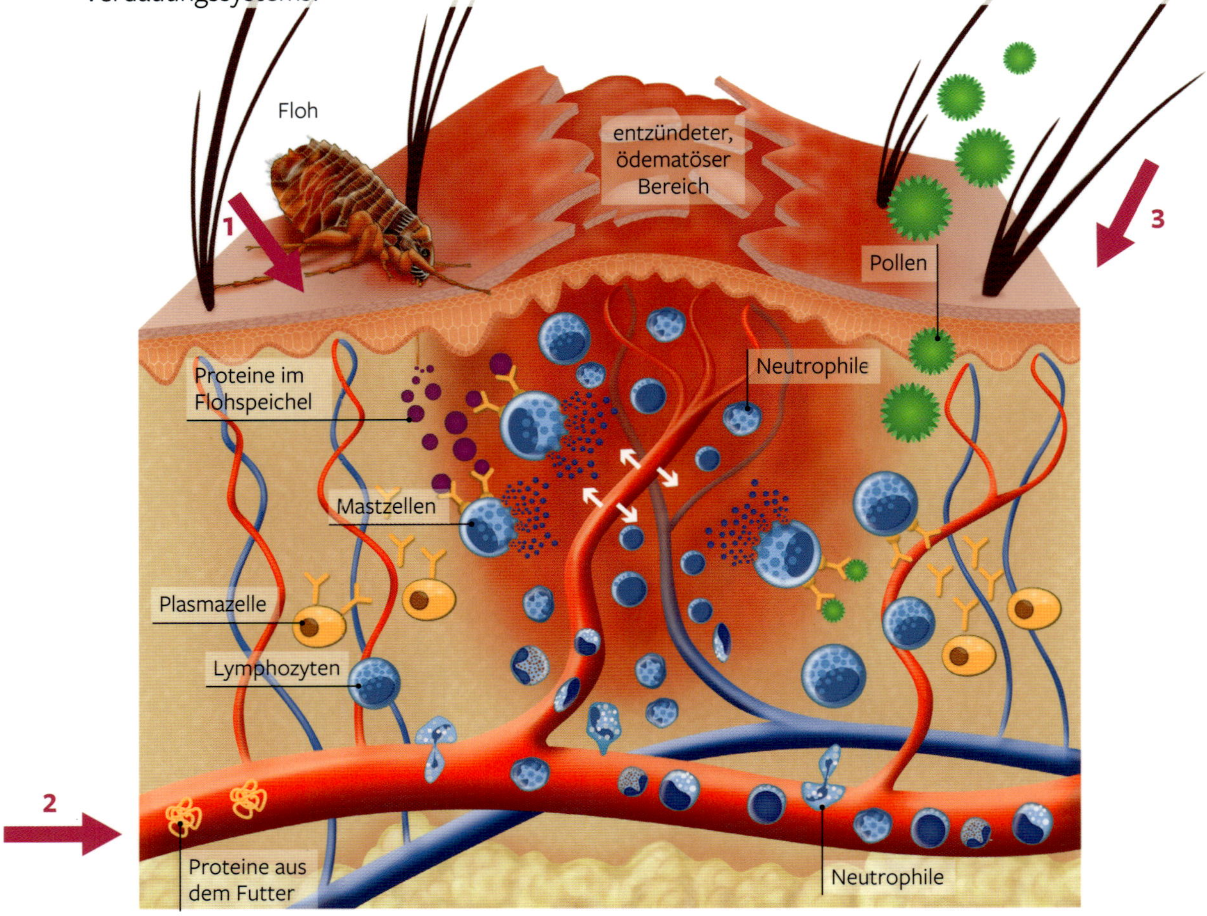

1 Hypersensitivität auf Flohbisse

- Flöhe setzen Substanzen frei, die an der Bissstelle entzündliche Reaktionen hervorrufen.
- Dies ist die erste Ursache, die ausgeschlossen werden muss.
- Behandlung: Adultizide zusammen mit Produkten zur Kontrolle von Eiern und Larven in der Umgebung.

2 Unerwünschte Reaktion auf Futtermittel

- Katzen in einem Alter zwischen 3 Monaten und 12 Jahren
- Symptome der Haut und/oder des Verdauungssystems. Weniger häufig: Zwischenzehenerythem, Akne, Pododermatitis, Konjunktivitis und Angioödem.
- Allergene: Fisch, Milchprodukte, Rindfleisch, Hühnerfleisch, Lammfleisch, Gluten, Zusatzstoffe, Mais und Reis
- Behandlung: Diät, welche die Futtermittel, auf die die Katze allergisch ist, ausschließt.

3 Atopische Dermatitis

- Katzen in einem Alter zwischen 6 Monaten und 3 Jahren
- Otitis, Pododermatitis und seborrhoische Veränderungen können auftreten, zusammen mit Juckreiz und den oben erwähnten Reaktionsmustern.
- Allergene: Hausstaubmilben und Pollen
- Behandlung: Immuntherapie mit Hypersensitivitäts-Vakzinen (70–80 % Wirksamkeit)

2.39 Feliner eosinophiler Granulomkomplex

Der eosinophile Granulomkomplex ist ein kutanes Reaktionsmuster, das durch Überempfindlichkeit (Atopie, unerwünschte Reaktion auf Nahrung, Überempfindlichkeit gegen Flohbisse) verursacht wird. Es hat drei Manifestationen: indolentes Geschwür, eosinophiles Granulom und eosinophile Plaque.

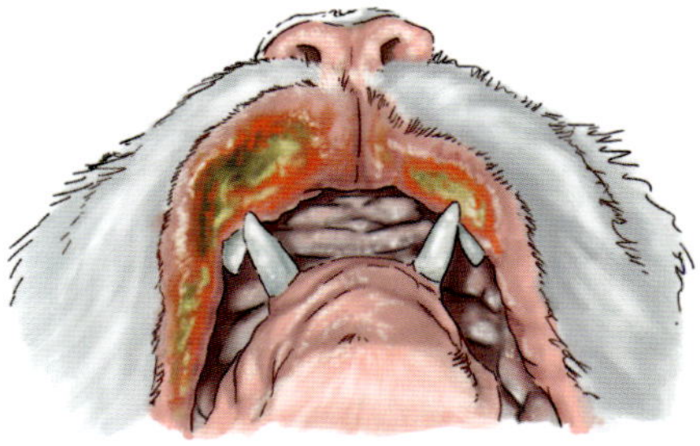

Indolentes Geschwür

- Ulzerative Läsion der Oberlippe, die sich bis auf den harten Gaumen ausdehnen kann.
- kann ein- oder beidseitig sein; verursacht trotz seiner Erscheinungsform keinen Schmerz

Lineares Granulom

- Gelbliche bis pinkfarbene, lineare Läsionen an der Rückseite einer oder beider Hintergliedmaßen; kann auch in der Mundhöhle, an den Vordergliedmaßen und am Kinn (Kinnödem) auftreten.
- verursacht keinen Juckreiz oder Schmerz

Eosinophile Plaque

- erythematöse (rötliche) und ulzerierte Läsionen in Form einer Plaque und lokalisiert am Bauch, inneren Oberschenkel, in der Leistenregion, am Hals und im Zwischenzehenspalt.
- ausgeprägter Juckreiz

Konservative Therapie

Die definitive Therapie bezieht die Diagnosestellung der Hypersensitivität der Katze mit ein.

2.40 Alopezie (vermehrter Haarausfall)

Die empfohlene klinische Vorgehensweise bei einer Alopezie besteht darin, zuerst das Verteilungsmuster des Haarausfalls zu erfassen und anschließend die Läsionen zu betrachten, die die Alopezie begleiten.

Klinische Vorgehensweise bei Alopezie entsprechend ihres Verteilungsmusters

Fokal oder multifokal	Irregulär	Regional	Generalisiert
■ Demodikose ■ oberflächliche Pyodermie ■ Dermatophytose ■ Alopecia areata ■ kutane Asthenie ■ Traktions-Alopezie (selbstinduzierte Alopezie durch Herausziehen der Haare) ■ entzündliche Reaktion an der Injektionsstelle ■ narbige Alopezie	■ Demodikose ■ Cheyletiellose ■ Dermatophytose ■ Pedikulose ■ Hautausschlag durch Medikamente ■ Lupus erythematodes ■ telogenes Effluvium ■ Hyperadrenokortizismus	■ Lupus erythematodes ■ endokrine Alopezie ■ Hyperadrenokortizismus ■ psychogene Alopezie ■ Alopezie nach dem Felltrimmen ■ Alopezie der Ohren ■ erworbene symmetrische Alopezie ■ paraneoplastische Alopezie	■ Dermatophytose ■ Lupus erythematodes ■ Medikamentenreaktion ■ Alopecia areata ■ Hypotrichose ■ telogenes Effluvium
		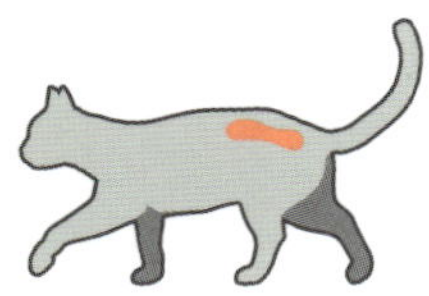	

Zusätzlich zur fokalen, multifokalen, irregulären, regionalen oder generalisierten Abwesenheit von Haaren kann die Alopezie durch andere sekundäre Symptome wie Juckreiz, Entzündung, Schorf, Schuppung, Pusteln etc. begleitet werden, abhängig von der Ursache der Alopezie.

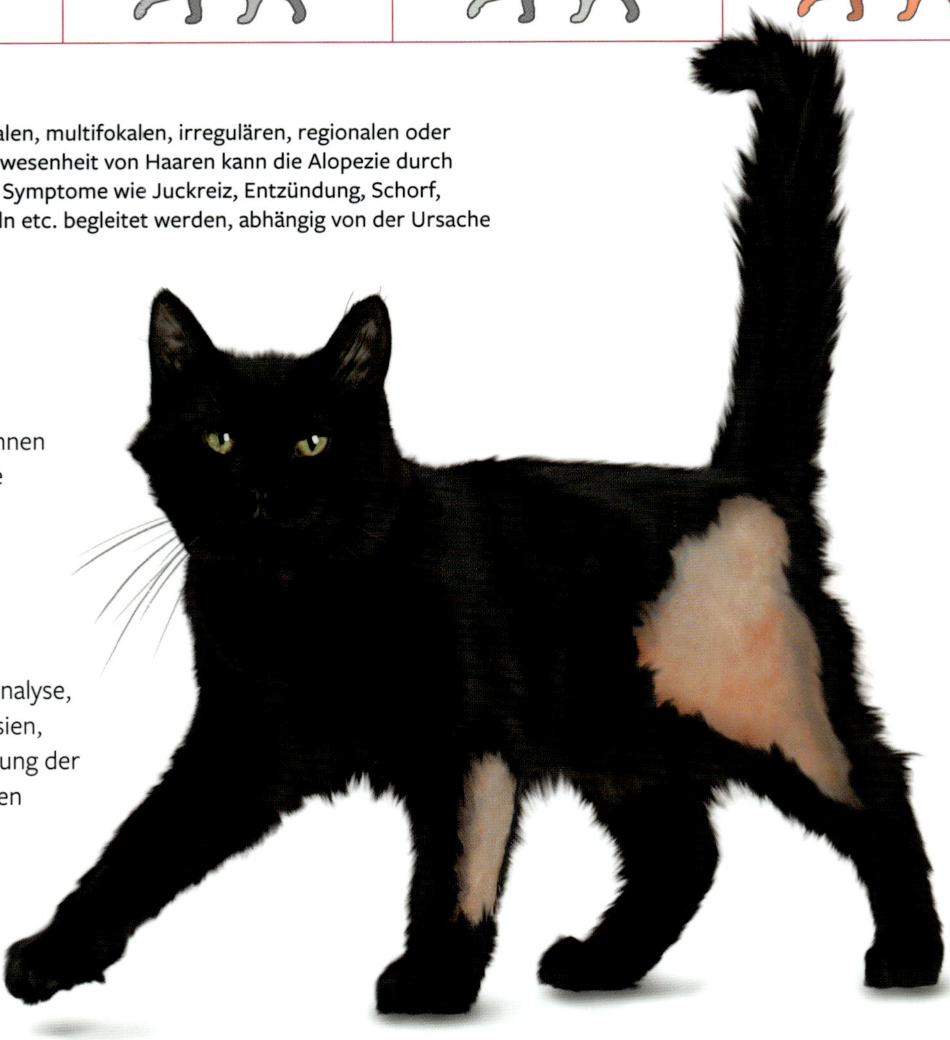

Diagnose

- Verschiedene Tests können notwendig sein, um die Ursache der Alopezie festzustellen und eine spezifische Therapie festzulegen.
- gebräuchliche Tests: Hautgeschabsel, Haaranalyse, Pilzkulturen, Hautbiopsien, Bluttests und Bestimmung der Hormonkonzentrationen

2.41 Idiopathische faziale Dermatitis bei Perser- und Himalaya-Katzen

Die genaue Ursache dieser Erkrankung ist unbekannt; es kann sich jedoch um eine Erbkrankheit handeln. Es kommt zu einer ungewöhnlich starken seborrhoischen Sekretion, welche die Vermehrung von Bakterien und Hefen begünstigt (*Malassezia* spp.). Die faziale Dermatitis tritt bei Katzen in einem Alter zwischen 10 Monaten und 6 Jahren auf und muss von anderen Erkrankungen wie Demodikose, Katzenakne, Dermatophytose und Überempfindlichkeit unterschieden werden.

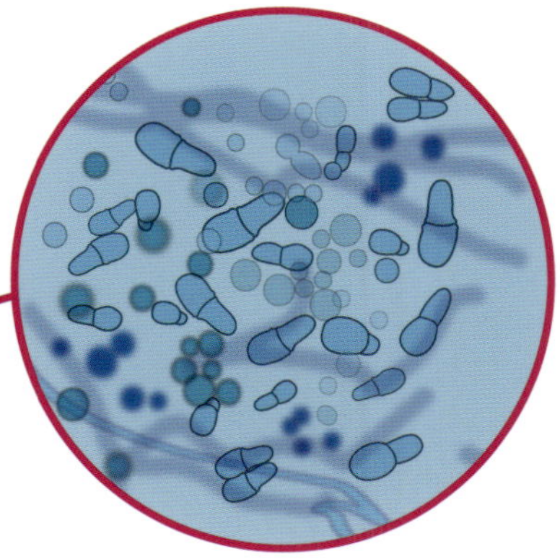

***Malassezia*-Hefen**

Da die Ursache dieser Erkrankung noch unbekannt ist, gibt es keine vollständig wirksame Behandlung.

Klinische Symptome

- Ansammlung von schwarzem, wachsartigem und sehr klebrigem Material, welches eine Mattierung der Haare am Kinn und in den periokulären Hautfalten der Katze verursacht („dirty face syndrome").
- variables Erythem (Rötung) der betroffenen Regionen
- in vielen Fällen beidseitige erythematöse Dermatitis
- kompliziert durch das Wachstum von Bakterien und *Malassezia*-Hefen
- submandibuläre Lymphadenopathie (gelegentlich)

Konservative Therapie

- Diese zielt auf die Kontrolle der Infektion mit Bakterien und Hefen ab, mithilfe von oralen Medikamenten und topischen Lösungen.
- Nach dem Erreichen einer Infektionskontrolle kann eine Behandlung mit Prednisolon oder Ciclosporin bei manchen Katzen erfolgreich sein.

2.42 Dermatophytose

Es handelt sich um eine Infektion der Haut, Haare und Krallen mit den Pilzen *Microsporum*, *Trichophyton* und *Epidermophyton*.

Eine Katze kann nicht als geheilt angesehen werden, bevor nicht mindestens zwei negative Kulturen in einem Zwei-Wochen-Intervall angezüchtet werden konnten. Sind die Ergebnisse positiv, sollte die unten genannte Therapie fortgesetzt werden.

Auf den Menschen übertragbare Erkrankung (Zoonose).

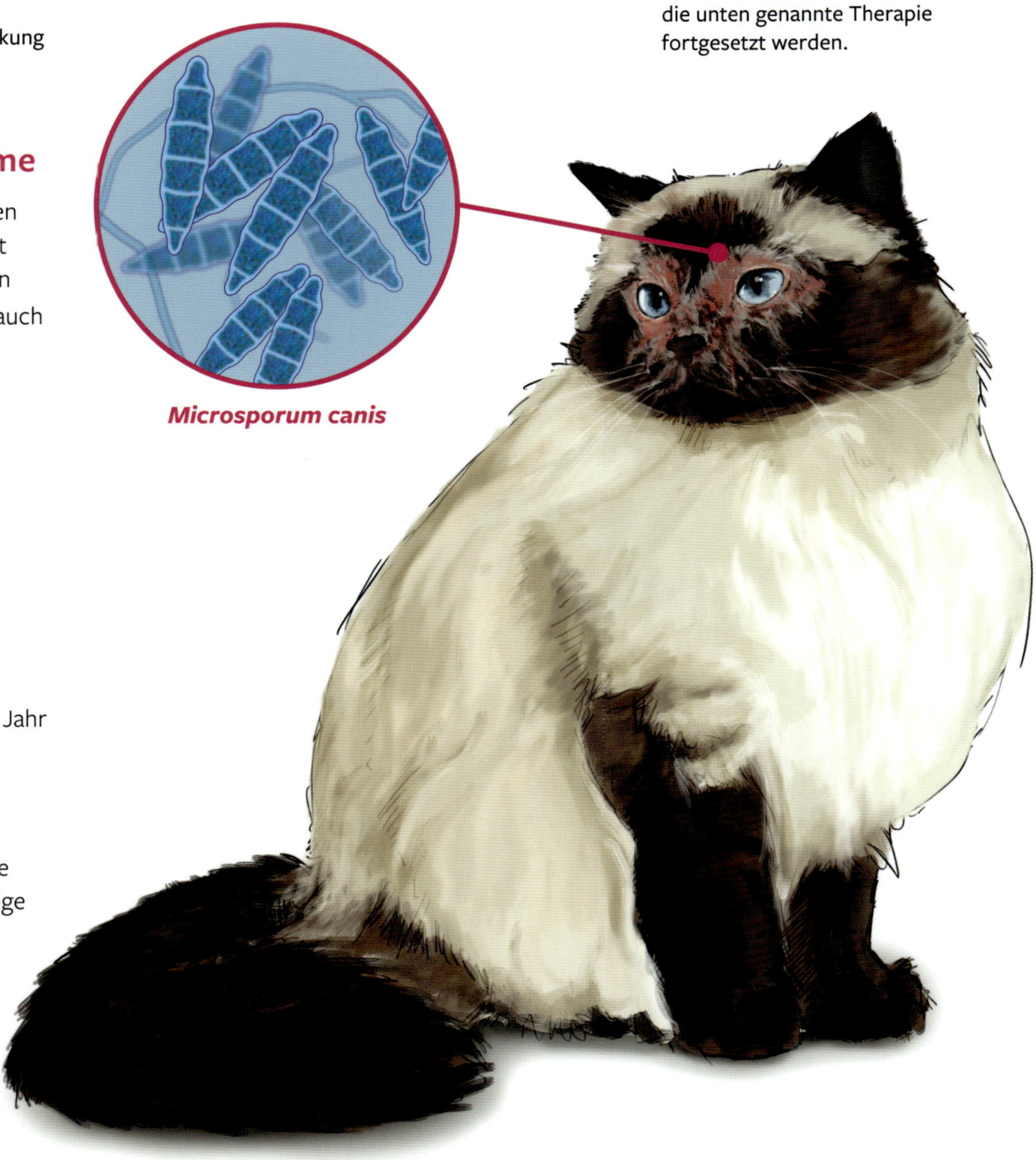

Microsporum canis

Klinische Symptome

- fokale Alopezie mit runden Läsionen an Kopf, Gesicht und vorderen Gliedmaßen
- Lokale Läsionen können auch generalisiert auftreten.
- Schuppenbildung
- nicht vorhandener bis ausgeprägter Juckreiz
- gering- bis hochgradige Entzündungen der Haut

Prädisponierende Faktoren

- Katzen in einem Alter < 1 Jahr
- lange Haare
- Gruppenhaltung
- Immunsuppression
- Hautverletzung, schlechte Belüftung oder übermäßige Feuchtigkeit der Haut

Konservative Therapie

- topisch: Shampoo 2x/Woche (reduziert die Kontaminierung der Umgebung)
- Haare kürzen: 2–3 Wochen nach Beginn der oralen Behandlung (reduziert die Kontaminierung der Umgebung und mögliche Reinfektionen)
- orale (systemische) Behandlung mit Itraconazol

Empfehlungen

- Desinfektion der Umgebung: täglich staubsaugen und Staubbehälter täglich wechseln.
- Fungizide Produkte haben eine begrenzte Wirksamkeit, weil es schwierig ist, sie im gesamten Haushalt anzuwenden.

2.43 *Notoedres*-Milbenbefall bei Katzen

Verursacht durch die Milbe *Notoedres cati*. Sie kann auch andere Tiere und den Menschen befallen, dies kommt aber nur selten vor.

Notoedres cati bohrt sich in die Haut von Gesicht, Kopf und Hals der Katze, um dort Eier abzulegen. Die Milben können in der Umgebung nur 48 Stunden überleben.

Die Diagnose erfolgt mittels Hautgeschabseln.

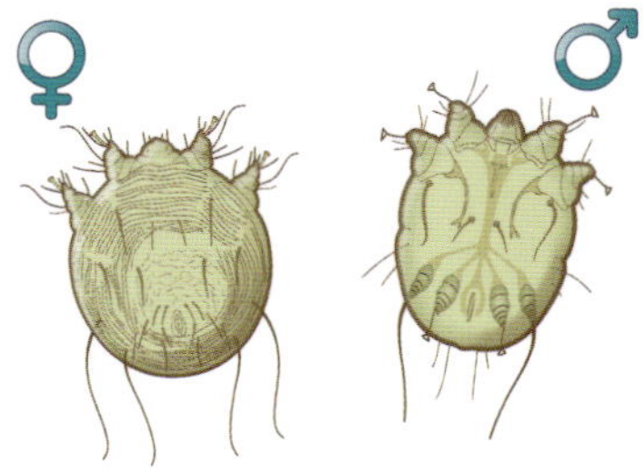

Notoedres cati

Junge oder geschwächte Katzen sind am stärksten betroffen.

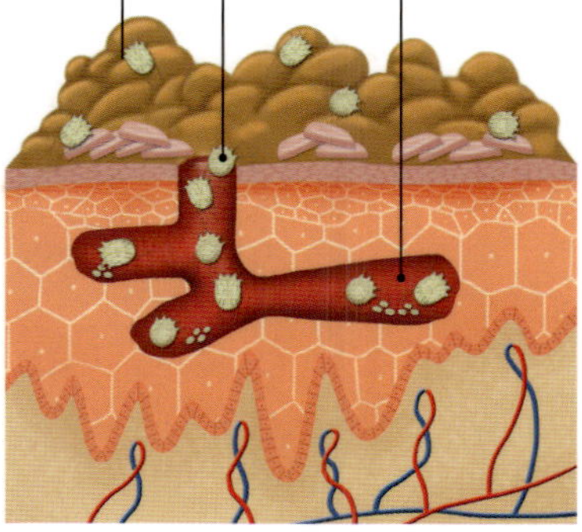

Konservative Therapie

- Erfordert den Einsatz von Antiparasitika wie Selamectin, Moxidectin, Fluralaner oder Sarolaner.
- Alle Tiere, die Kontakt mit der betroffenen Katze haben, müssen behandelt werden.

Klinische Symptome

- Läsionen an der Ohrspitze, die sich später auf Gesicht, Kopf und Hals ausbreiten.
- Die Haut ist verdickt und von Schorf bedeckt.
- Sehr starker Juckreiz; Kratzwunden können sich infizieren.
- Fellpflege kann dazu führen, dass sich die Milben in die Perinealregion und auf die Gliedmaßen ausbreiten.

2.44 Otitis durch *Otodectes cynotis*

Die Milbe *Otodectes cynotis* lebt hauptsächlich im Gehörgang und in der Ohrmuschel. Sie ist über direkten Kontakt mit infizierten Katzen oder eine kontaminierte Umgebung hochansteckend für andere Katzen.

Alle Katzen, die in demselben Haushalt, Zwinger, Katzenpension etc. leben, sollten zur selben Zeit behandelt werden.

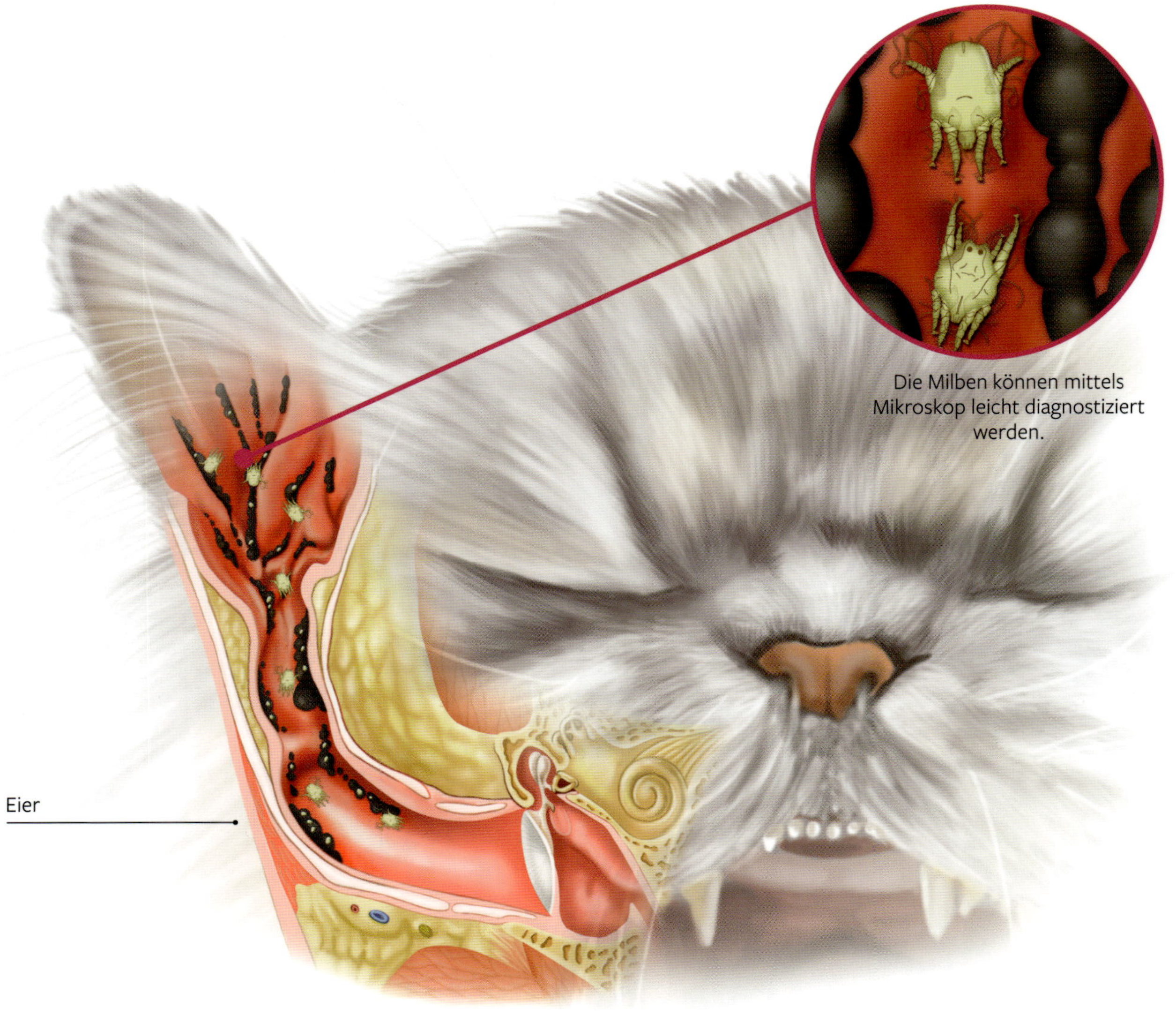

Konservative Therapie

- Ohrreinigung
- Anwendung einer Einzeldosis eines topischen Antiparasitikums auf der Haut (in der Regel zwischen den Schulterblättern): Selamectin, Moxidectin, Fluralaner und Sarolaner sind wirksam.

Klinische Symptome

- beidseitige zeruminöse Otitis externa
- Überempfindlichkeitsreaktionen mit intensivem Juckreiz, Läsionen durch das Kratzen und bakterielle Sekundärinfektionen
- In schweren Fällen kann eine Otitis media die Folge sein.
- gelegentlich Läsionen im Gesicht und an der Schwanzspitze
- gelegentlich miliare Dermatitis

2.45 Hauttumore

Plattenepithelkarzinom und Fibrosarkom

Sonnenschutz ist sehr wichtig bei weißhaarigen Katzen (Sonnenschirm/-plane, Tätowierung).

Ein injektionsinduziertes Fibrosarkom wird bei manchen Katzen durch eine unerwünschte Reaktion auf eine chronische Gewebsentzündung verursacht.

Kutanes Plattenepithelkarzinom

- kommt an Nasenfläche, Augenlidern und Ohrspitzen vor
- Steht in Zusammenhang mit einer längeren Exposition gegenüber der Sonne, bei Katzen mit hellem Fell oder in haarlosen Bereichen.
- Schorf und ulzerierte Plaques treten auf.
- Behandlung: chirurgischer Eingriff, Strahlentherapie oder immunmodulierende Therapie, abhängig von Ausdehnung und Schweregrad

Fibrosarkom (injektionsinduziertes Sarkom)

- tritt auf an der Injektionsstelle von Vakzinen, Medikamenten (langwirksame Antibiotika, Kortikosteroide) und anderen Produkten (nichtresorbierbare Fäden, Mikrochip)
- Der Tumor erscheint 1 Monat bis 10 Jahre nach der Injektion.
- Er ist schnellwachsend und bildet feste, harte Knoten.
- Behandlung: chirurgischer Eingriff zusammen mit Chemo- und Strahlentherapie, abhängig von der Ausdehnung

2.46 Ektoparasiten

Flöhe

- häufigster Ektoparasit bei Katzen
- Verursachen häufig eine allergische Dermatitis aufgrund einer Speichelinjektion in den Wirt.
- Können Krankheiten wie eine feline infektiöse Anämie übertragen.
- Leben permanent auf der Katze.
- Ein einzelnes Weibchen kann bis zu 50 Eier am Tag ablegen.
- Die Eier fallen auf den Boden und entwickeln sich zu Larven, Puppen und adulten Flöhen.

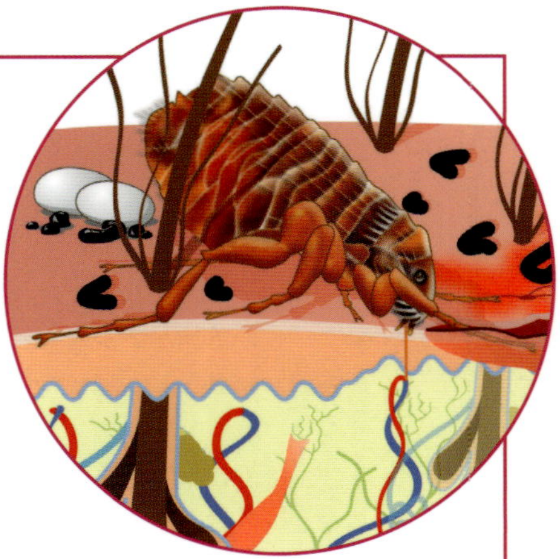

Die antiparasitäre Behandlung von Flöhen muss sowohl an der Katze als auch in der Umgebung erfolgen.

Zecken

- Es handelt sich in der Regel um das Genus Rhipicephalus (Hundezecke).
- Sie können eine lokale Irritation verursachen, weil sie Toxine in den Wirt einbringen.
- Sie übertragen verschiedene Krankheiten (Ehrlichiose, Borreliose, Babesiose).

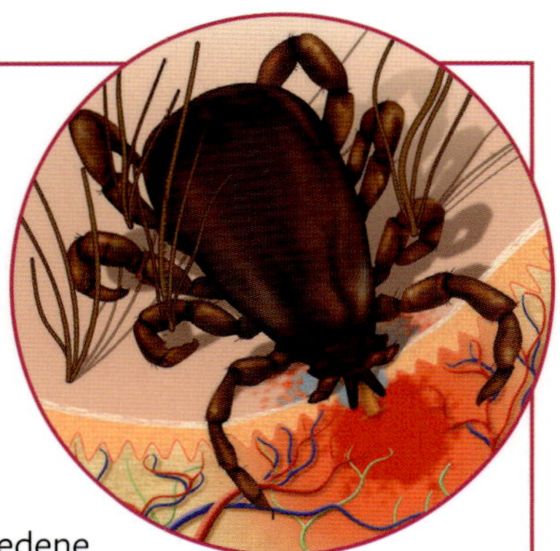

Mücken

- Sie stechen in Bereiche mit wenigen Haaren: Ohrränder, Nase und Zehenballen.
- Verursachen oft eine allergische Dermatitis.
- Sie übertragen Leishmaniose und Filariose.

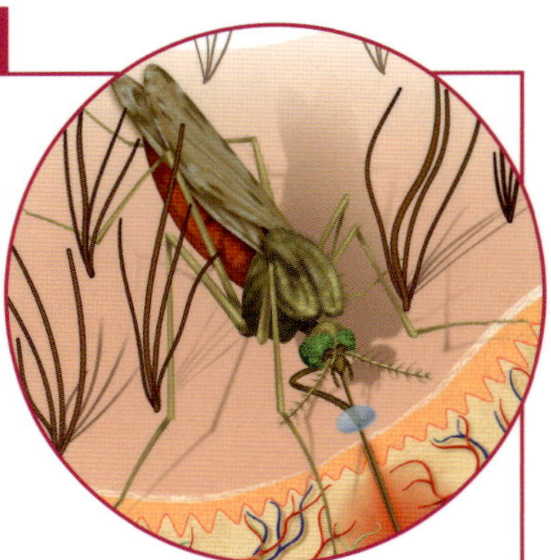

Milben*

- *Demodex cati:* Ein *Demodex*-Befall ist bei Katzen ungewöhnlich. Er verursacht sehr milde Symptome bis hin zu schweren Hauterkrankungen.
- *Cheyletiella:* Dies ist eine große, weißliche Milbe, sie ähnelt Hautschuppen.

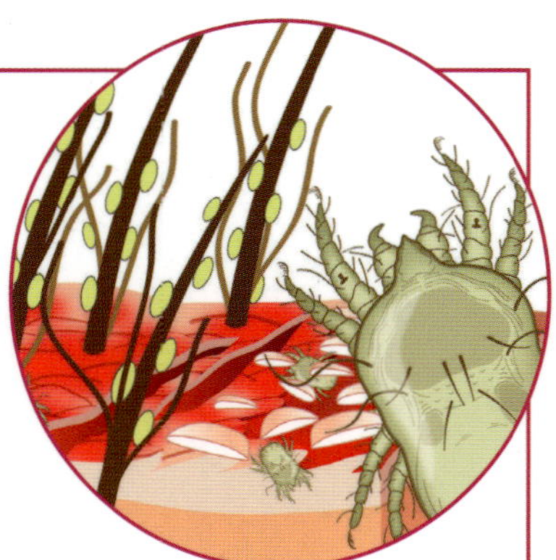

Cheyletiella

Haarlinge

- Der Katzenhaarling (*Felicola subrostratus*) ist wirtsspezifisch und kann den Menschen nicht befallen.
- Katzenhaarlinge sind sehr selten.
- Sie befallen hauptsächlich Katzenwelpen, die unter schlechten Bedingungen leben.

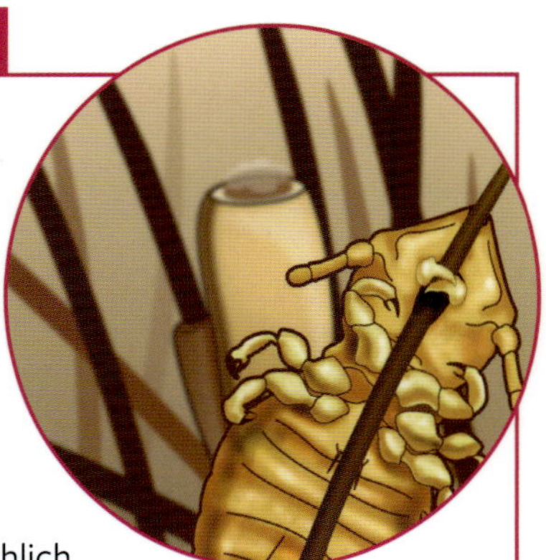

* Die Milben *Notoedres cati* und *Otodectes cynotis* werden auf den Tafeln 2.43 und 2.44 beschrieben.

2.47 Unterkieferläsionen

Traumatische Trennung der mandibulären Symphyse: Versorgung mittels Cerclage-Draht

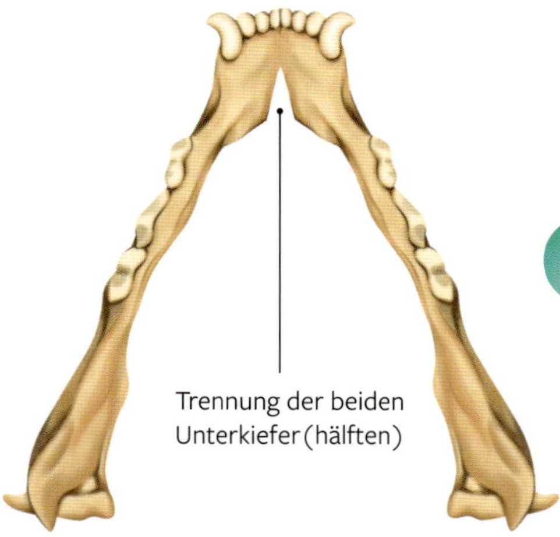

Eine Behandlung kann auch durch Einbringen eines Splints von Fangzahn zu Fangzahn mit zahnmedizinischem Material erfolgen.

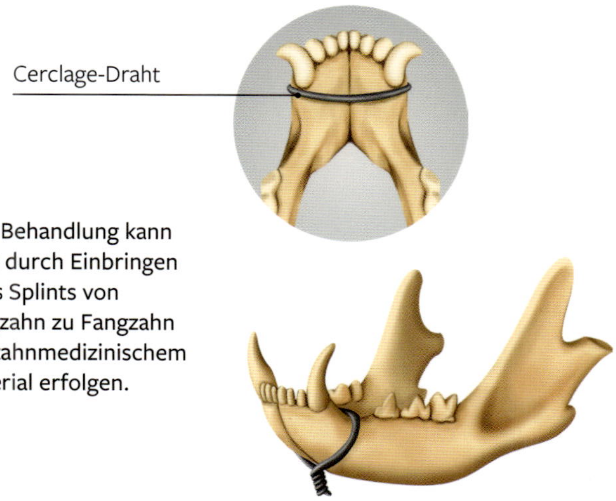

Kiefergelenkluxation

Eine Kiefergelenkluxation ist traumatisch bedingt (Stürze, Verkehrsunfälle) und besteht fast immer einseitig, manchmal kann sie aber auch beide Seiten betreffen. Die Luxation kann in rostrodorsaler oder kaudoventraler Richtung auftreten; bei letzterer ist die Prognose schlechter, weil sie mit Frakturen in der Gelenkumgebung verbunden ist.

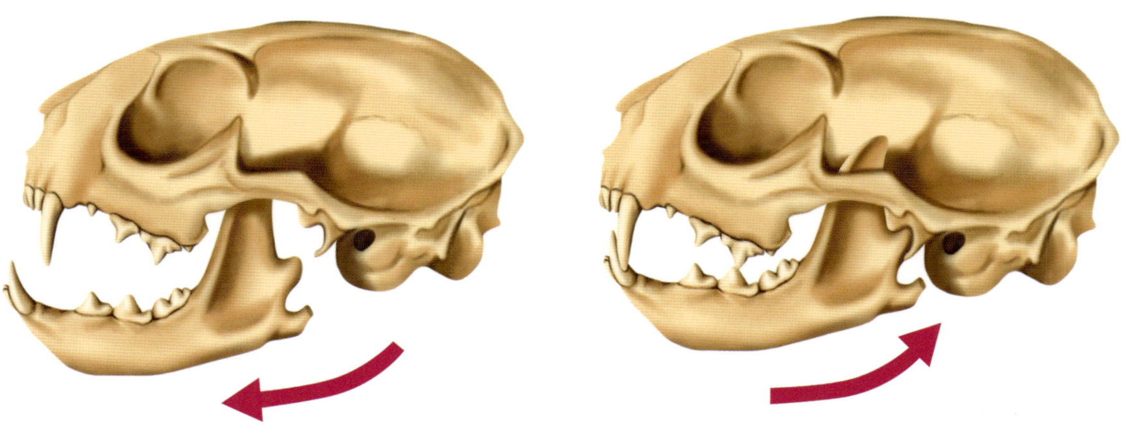

Konservative Therapie

Reduktion der Luxation und Immobilisierung des Bereichs

Chirurgische Therapie

In den Fällen, bei denen das Gelenk frakturiert ist (aufgrund des Risikos einer Ankylose).

Klinische Symptome

- hängender Unterkiefer und Malokklusion
- Unfähigkeit, das Maul zu schließen
- Hypersalivation

2.48 Das Gebiss der Katze

Milchzähne und bleibende Zähne

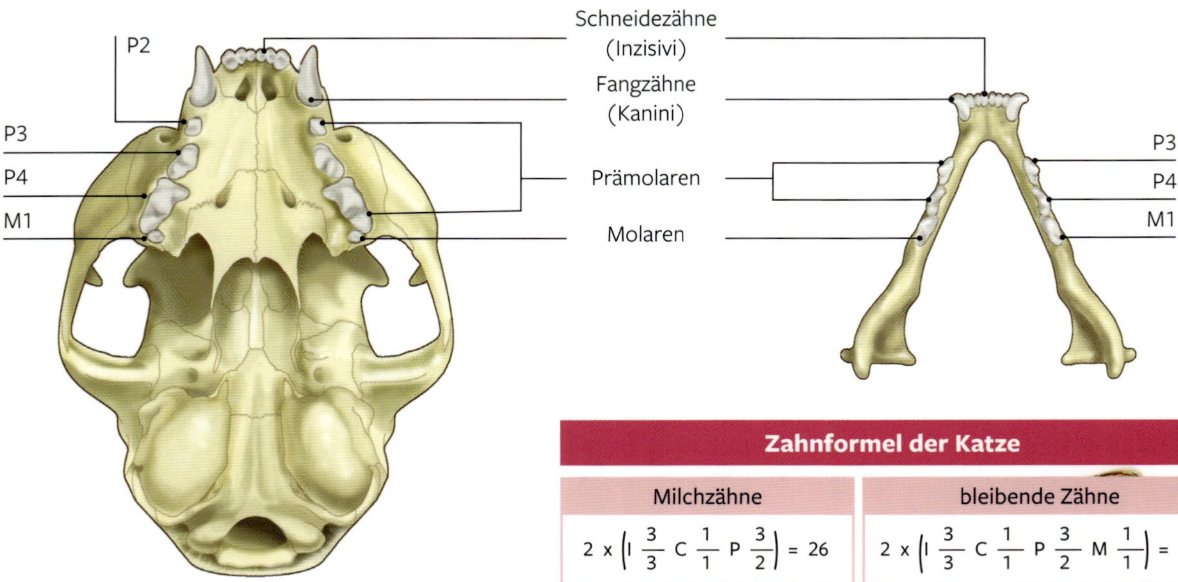

Zahnformel der Katze	
Milchzähne	bleibende Zähne
$2 \times \left(I\,\frac{3}{3}\; C\,\frac{1}{1}\; P\,\frac{3}{2} \right) = 26$	$2 \times \left(I\,\frac{3}{3}\; C\,\frac{1}{1}\; P\,\frac{3}{2}\; M\,\frac{1}{1} \right) = 30$

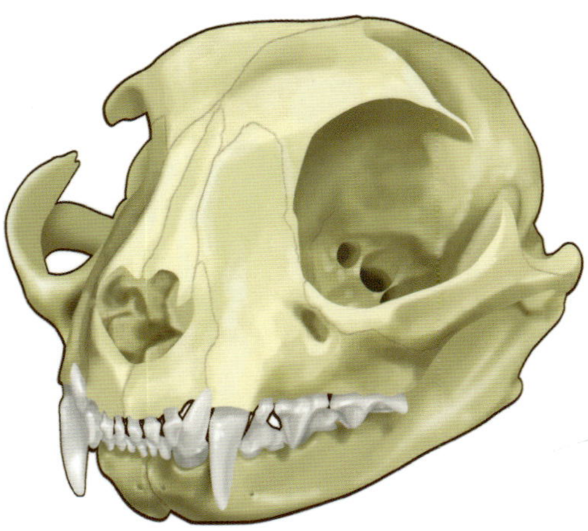

Durchbruch der Milchzähne

- Schneidezähne: 2–3 Wochen
- Fangzähne: 3–4 Wochen
- Prämolaren: 3–6 Wochen
- Molaren: nicht vorhanden

Durchbruch der bleibenden Zähne

- Schneidezähne: 3–4 Monate
- Fangzähne: 4–5 Monate
- Prämolaren: 4–6 Monate
- Molaren: 4–5 Monate
- komplette Dentition mit 6 Monaten

2.49 Parodontitis

Diese Entzündung des Zahnhalteapparates wird durch bakterielle Plaque verursacht. Sie verläuft in 2 Phasen:

1. **Gingivitis:** Initialphase, verursacht durch eine Ansammlung bakterieller Plaque (Bakterien in Biofilm) auf den Zähnen über Stunden oder Tage. Daraufhin wird der Biofilm zu Zahnstein mineralisiert. Die Bakterien führen zu einem entzündlichen Prozess des Zahnfleisches (Gingivitis). **Eine Behandlung während dieser Phase ist erfolgreich.**
2. **Parodontitis:** Aufgrund einer chronischen Entzündung und einer zunehmenden Ablagerung von Bakterien werden die Gewebe, die den Zahn stützen, irreversibel geschädigt, zuletzt geht der Zahn verloren.
Eine Behandlung heilt nicht die geschädigten Gewebe, aber kann den Zahnverlust verhindern.

Stadien der Parodontitis

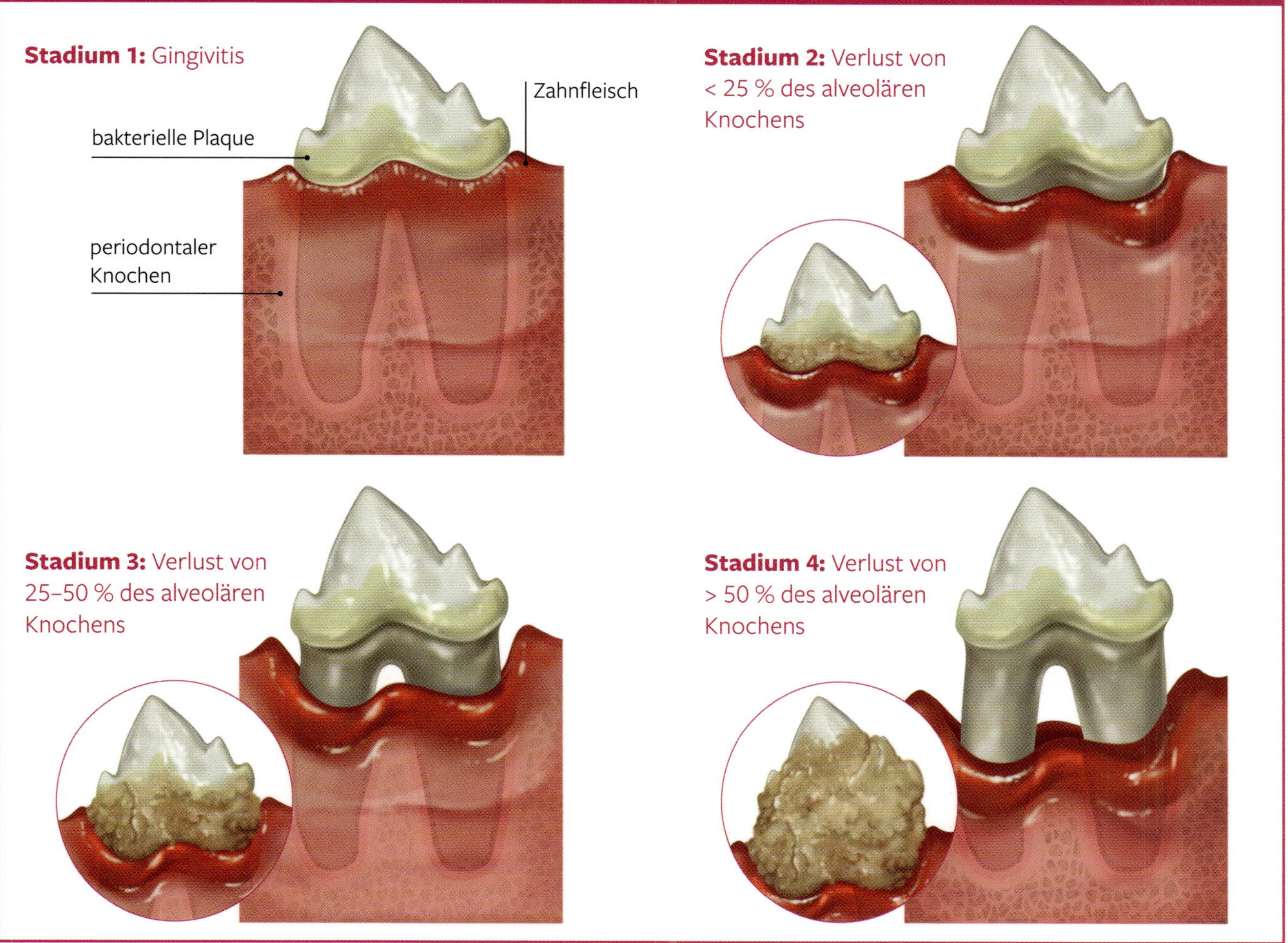

Therapie

Gingivitis:

- Zahnreinigung und Polieren in der Klinik, um den Zahnstein zu entfernen
- Kontrolle der Zahnplaque zuhause, durch Zähneputzen und Gebrauch von Zahnpasta

Parodontitis:

- häufige Zahnreinigung und Polieren
- Zahnröntgen, um den Schweregrad festzustellen
- Gingivektomie
- Extraktion schwer geschädigter Zähne

2.50 Zahnresorption bei Katzen (Feline Odontoklastische Resorptive Läsionen, FORL)

Dies ist eine der oralen Erkrankungen mit einer großen Prävalenz bei Katzen weltweit. Ihre Ursache ist immer noch unbekannt, aber die Erkrankung führt zu einer Zerstörung der dentalen Gewebe an Zahnhals, -wurzel und -krone.

Die Läsionen können von Zahnbelag bedeckt sein oder von entzündetem Zahnfleisch, und deshalb unerkannt bleiben. Tierbesitzer bemerken sie in der Regel nicht.

Zahnröntgenaufnahmen sind erforderlich, um den Schweregrad der Läsionen zu bestimmen.

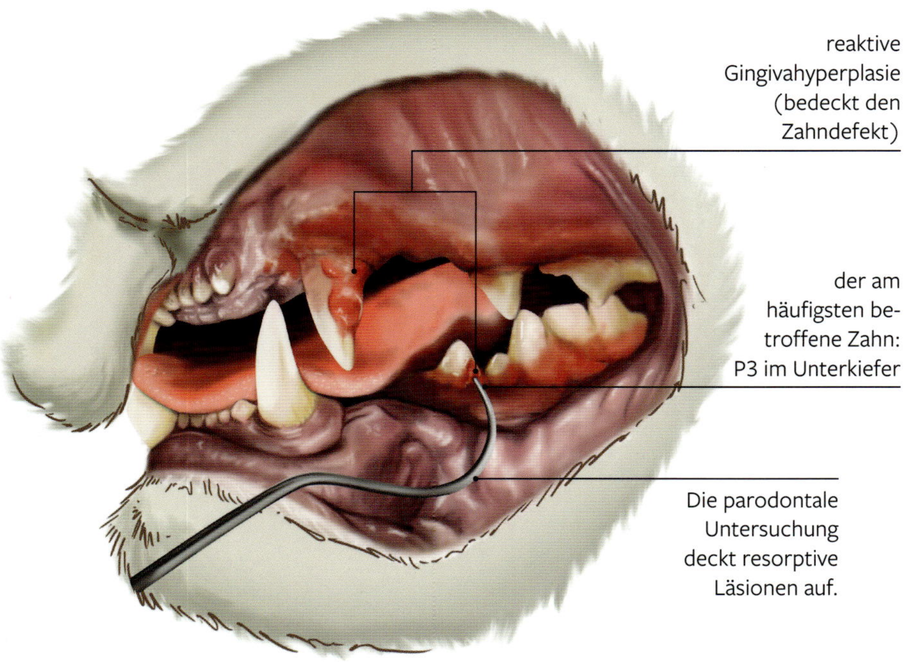

Eine Zahnresorption verursacht Schmerzen beim Kauen. Ein häufiger Grund dafür, dass Katzen es verweigern, Tabletten aufzunehmen, ist durch diese Erkrankung verursachter Schmerz.

Das American College of Veterinary Dentistry klassifiziert die Zahnresorption in 5 Phasen basierend auf Schweregrad und Lokalisation (Klasse 1: keine Läsion).

Klasse 2

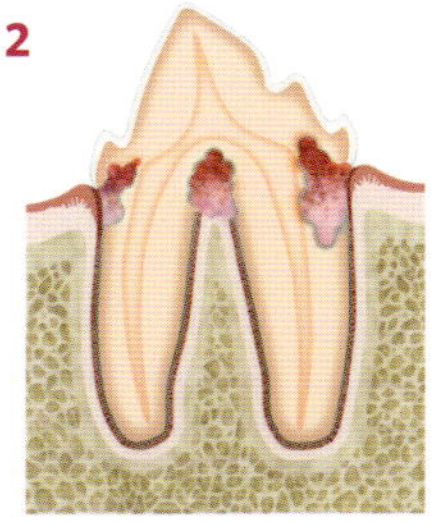

Klasse 3

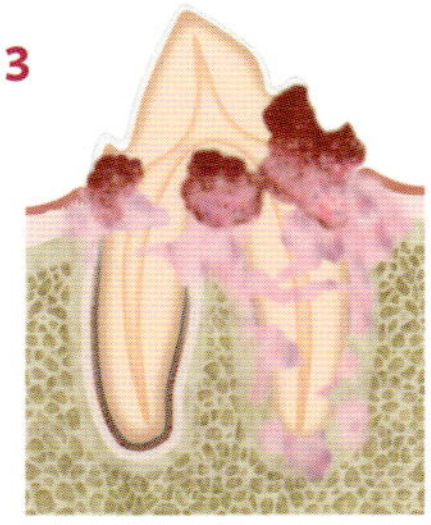

Klasse 4

Klasse 5

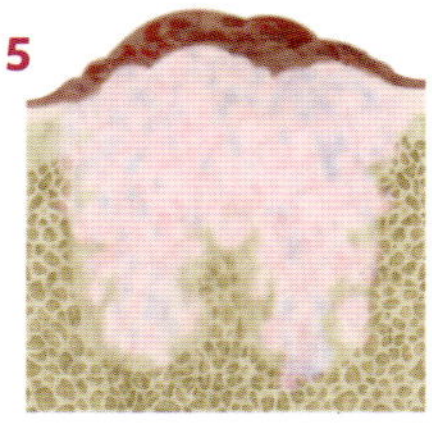

Konservative Therapie

Es gibt keine kurative oder präventive Behandlung.

Chirurgische Therapie

Eine Zahnextraktion ist die Behandlung der Wahl, weil sie den durch den betroffenen Zahn verursachten Schmerz behebt.

Klinische Symptome

- Veränderungen in Verhalten und Ernährungsgewohnheiten (betroffene Katzen bevorzugen weiches Futter oder fressen nicht mehr).
- Die Katzen speicheln oder zeigen Schmerzen (sie berühren ihr Maul mit den Pfoten).

2.51 Feline chronische Gingivostomatitis

Sehr schmerzhafter ulzerativer Prozess, der alle Gewebe betrifft, die in Kontakt mit Speichel und bakterieller Plaque kommen: Zahnfleisch, Schleimhäute, Gaumen-Zungen-Bogen und weicher Gaumen.

Diagnose

- PCR-Test auf Calicivirus (von einer Probe der Mundschleimhaut)
- Zahnröntgen: Zahnresorption oder Parodontitis
- Biopsien: nur bei einseitigem Befall oder Proliferation (atypische Fälle)
- bakterielle Kultur des Gaumen-Zungen-Bogens in schweren Fällen

Diese Krankheit ist zurückzuführen auf eine übertriebene Antwort des lokalen Immunsystems auf einen oder mehrere der folgenden Faktoren: bakterielle Plaque, Parodontitis, Calicivirus, Zahnresorption.

Konservative/chirurgische Therapie

Unterschiedlich, je nach Ursache und Schwere des Falles:

- Schmerzkontrolle: NSAID und Opiate
- Parodontitis: Zahnreinigung, Extraktion des betroffenen Zahnes und antibiotische Therapie
- Zahnresorption: Extraktion des betroffenen Zahnes
- Calicivirus: Immunmodulatoren

Wenn die Therapie nicht anschlägt, oder wenn das klinische Bild anfangs sehr schwer ist: Extraktion aller Zähne (außer den Fangzähnen, wenn möglich), in Verbindung mit Analgetika, Antibiotika und Immunmodulatoren.

Bei Fällen, in denen die Extraktion zu keinem Erfolg führt, kann eine Stammzelltherapie zu guten Ergebnissen führen.

2.52 Feline entzündliche Magen-Darm-Erkrankung

Gruppe von Magen-Darm-Erkrankungen, gekennzeichnet durch eine Entzündung der gastrointestinalen Schleimhaut. Multifaktorielle Ursache: genetische Veränderungen, Veränderungen des Immunsystems und Störungen der gastrointestinalen Bakterienflora.

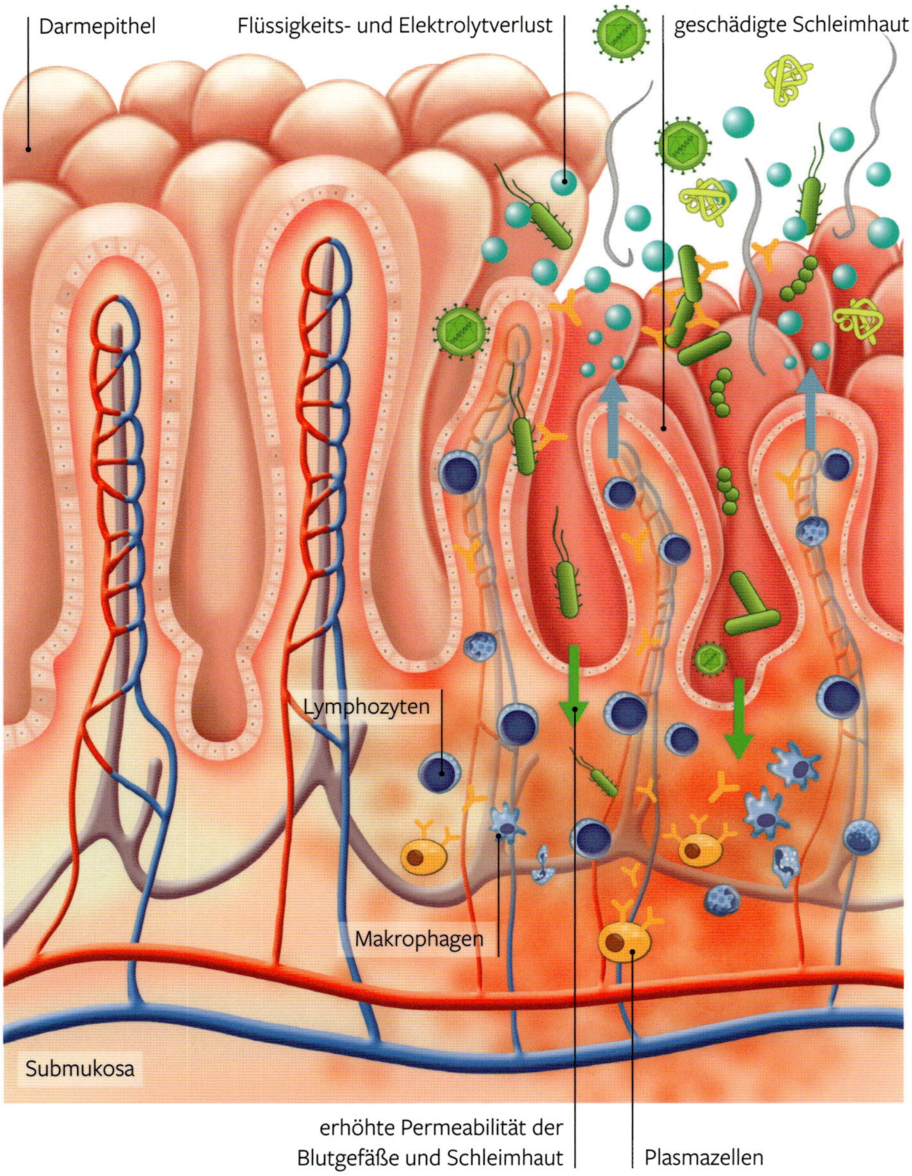

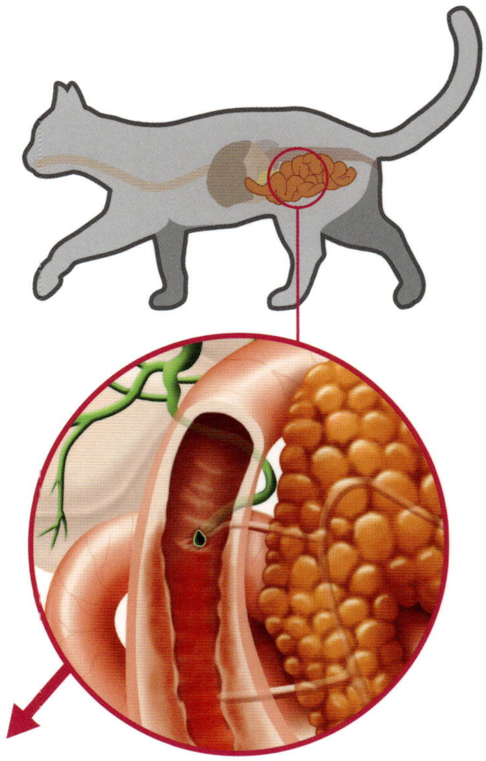

Klinische Symptome

- chronische gastrointestinale Symptome (länger als 3 Wochen) mit variabler Ausprägung (Zeiträume mit Besserung und solche mit Rückfall): Erbrechen, Durchfall, Anorexie, Gewichtsverlust, Appetitstörungen
- kein Ansprechen auf eine Veränderung der Ernährung oder symptomatische Behandlung

Dies ist bei Katzen mit Erbrechen und/oder chronischem Durchfall die am häufigsten diagnostizierte Erkrankung.

Diagnose

- Ausschluss anderer Ursachen einer Darmentzündung: Parasiten, Endokrinopathien, unerwünschte Reaktionen auf Futtermittel etc.
- Biopsie von Magen, Duodenum, Jejunum und Ileum mittels Endoskopie oder Chirurgie (Laparoskopie und Laparotomie)

Konservative Therapie

- Kortikosteroide
- Metronidazol
- mesenchymale Stammzelltherapie

Diätetische Maßnahmen

Hypoallergene Diät (neu zusammengesetztes Futter oder Hydrolysat)

2.53 Niedriggradiges Lymphom

Das niedriggradige Lymphom (NGL) ist ein T-Zell-Tumor, der von der Basis der Darmzotten ausgeht und hauptsächlich Katzen in einem Alter >8 Jahren betrifft. Aktuell ist das NGL für 10–13 % aller felinen Lymphome verantwortlich.

Klinische Symptome

- Die Symptome sind dieselben, die auch bei entzündlicher Darmerkrankung festgestellt werden, einschließlich Erbrechen und/oder chronischem Durchfall.
- Bei einigen Katzen ist jedoch zunehmender Gewichtsverlust bei gutem Appetit das Hauptsymptom.

Diagnose

- Wie bei der entzündlichen Darmerkrankung müssen für die Diagnosestellung andere Ursachen ausgeschlossen werden, die Symptome des Verdauungstraktes auslösen können.
- Biopsie:
  - Endoskopie des Verdauungssystems mit Biopsie von Duodenum, Jejunum und Ileum
  - Laparoskopie oder Laparotomie, wenn auch eine Biopsie der Leber oder des Pankreas erforderlich ist

Oft befällt ein NGL nur einen Teil des Verdauungstraktes, während ein anderer Bereich von entzündlicher Darmerkrankung betroffen ist. Deshalb müssen alle Dünndarmsegmente biopsiert werden: Duodenum, Jejunum und Ileum.

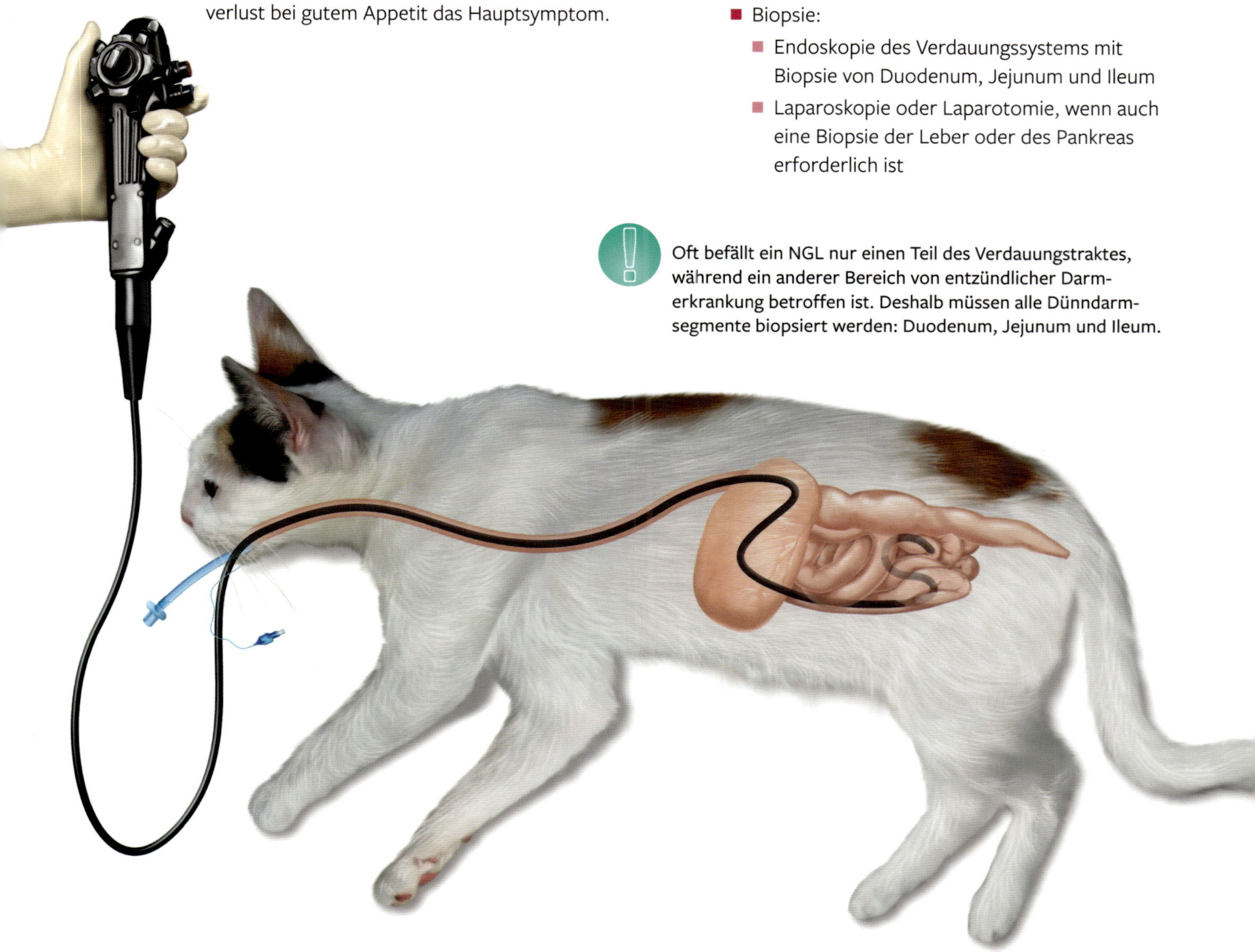

Therapie

Mit einer adäquaten Behandlung, bestehend aus der Gabe von Prednisolon und Chlorambucil, ist die Überlebenszeit sehr lang (> 2 Jahre) und der Patient kann eine gute Lebensqualität behalten.

2.54 Hepatische Lipidose

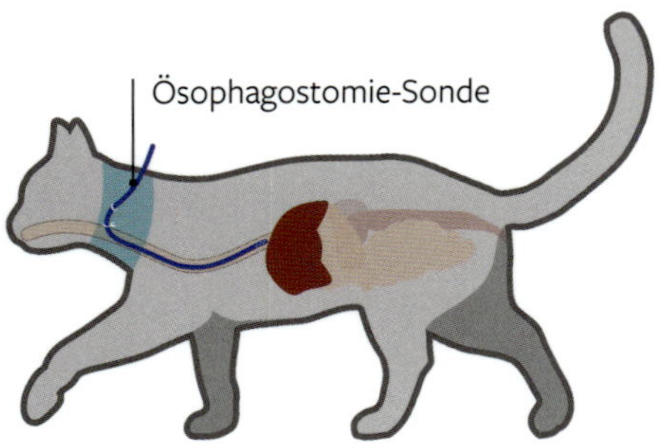

Dies ist die häufigste Lebererkrankung bei Katzen. Es handelt sich um eine Ansammlung von Lipiden im Zytoplasma der Hepatozyten, was zu einer unzureichenden Funktion der Leber führt.

> Die meisten Katzen, die von einer hepatischen Lipidose betroffen sind, waren übergewichtig, bevor sie krank wurden.

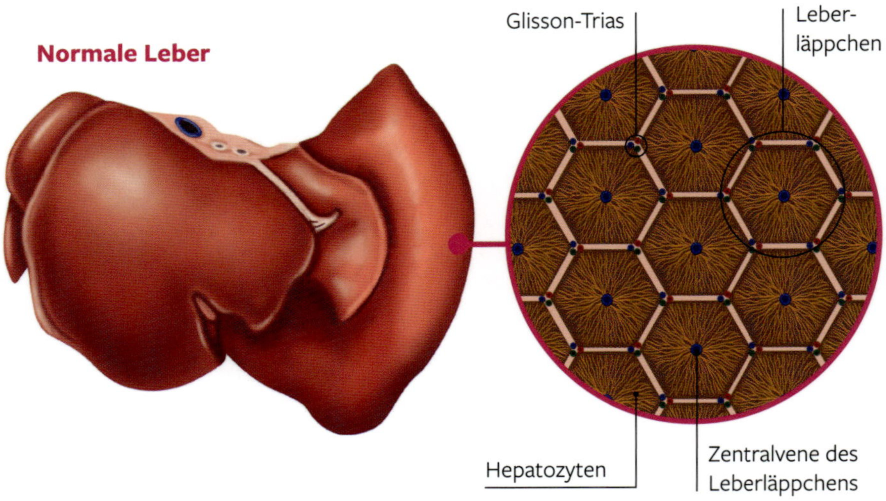

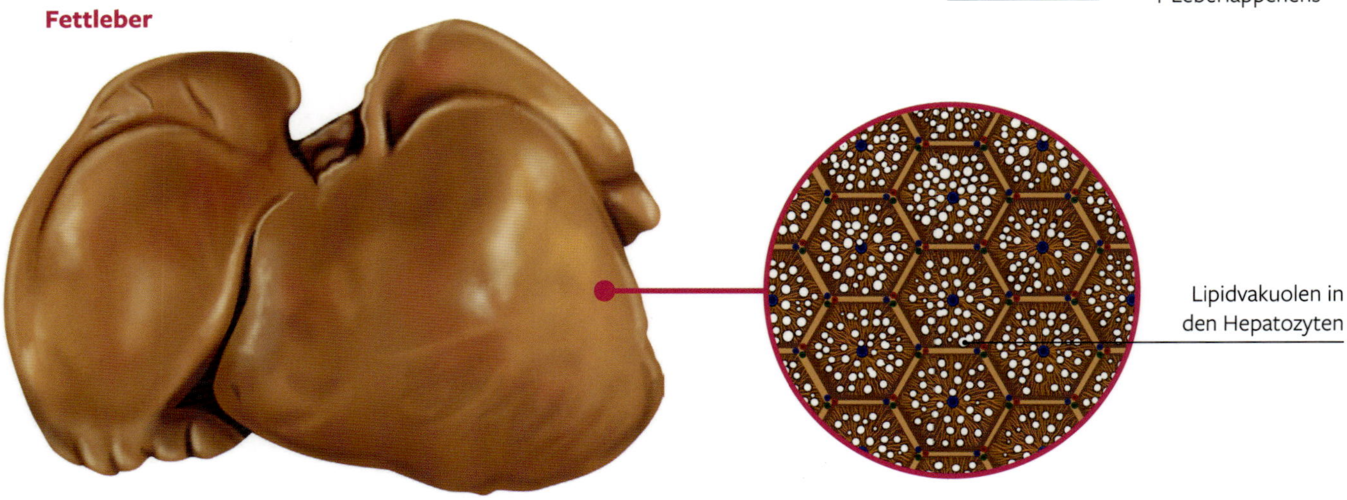

Ursachen

- Entsteht während Phasen mit verlängerter Hyporexie, mit einem Gesamt-Gewichtsverlust von ca. 30 %.
- Eine Lipidose tritt sekundär zu anderen Erkrankungen auf, die eine Hyporexie verursachen. Die häufigsten Ursachen sind eine Cholangitis, entzündliche Darmerkrankung und Pankreatitis.

Klinische Symptome

- Ikterus (Gelbfärbung der Sklera, Schleimhäute und des weichen Gaumens), Anorexie und reduziertes Allgemeinbefinden mit intermittierendem Erbrechen
- Andere klinische Zeichen wie Aszites (freie abdominale Flüssigkeit) und Fieber sind weniger häufig.

Konservative Therapie

Obwohl die Krankheit tödlich enden kann, erholen sich mehr als 60 % der Katzen durch eine intensive Ernährungstherapie mittels einer Ösophagostomie-Sonde und medikamenteller Behandlung.

2.55 Cholangitis

Dies ist eine Entzündung der Gallengänge. Es gibt zwei Formen der Cholangitis: eine neutrophile Form, die verursacht wird durch eine Bakterienpassage vom Darm in den Gallentrakt, und eine lymphozytäre Form aufgrund eines immunmediierten Prozesses.

Bakterien können auch über den hämatogenen Weg vom Darm zum Pankreas und zur Leber streuen.

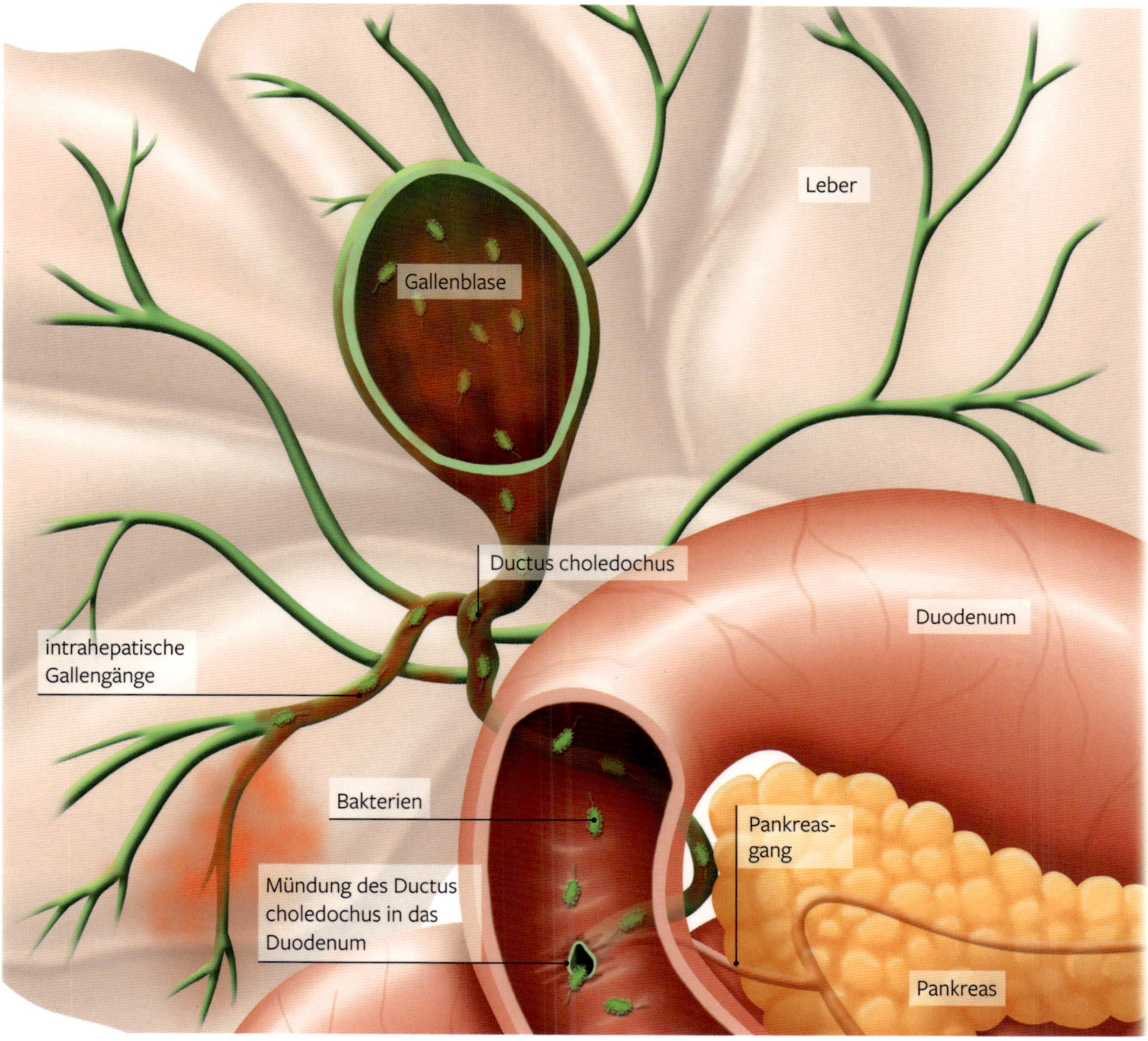

Klinische Symptome

- Anorexie und Energiemangel
- Gewichtsverlust
- Fieber im Fall einer neutrophilen Cholangitis
- Ikterus
- Hepatomegalie
- freie abdominale Flüssigkeit, insbesondere in Fällen einer lymphozytären Cholangitis

Diagnose

Es erfordert multiple Tests, um beide Erkrankungsformen zu unterscheiden:

- Blutanalyse (Leberfunktion)
- abdominale Ultraschalluntersuchung
- Kultur der Gallenflüssigkeit
- Sammlung von Biopsien (ultraschallgeführt oder mittels Laparoskopie oder Laparotomie)

2.56 Pankreatitis und Triaditis

Als Triaditis bezeichnet man das gemeinsame Auftreten einer Pankreatitis, entzündlichen Darmerkrankung und Cholangitis. Dazu kommt es, weil bei Katzen der Pankreasgang mit dem Ductus choledochus einen gemeinsamen Ausführungsgang bildet, bevor er in das Duodenum mündet.

Diese Erkrankung wird verursacht durch den Rückfluss von Bakterien vom Duodenum über den Ductus choledochus hin zu Pankreas und Leber. In manchen Fällen ist eine bakterielle Übersiedlung die Ursache.

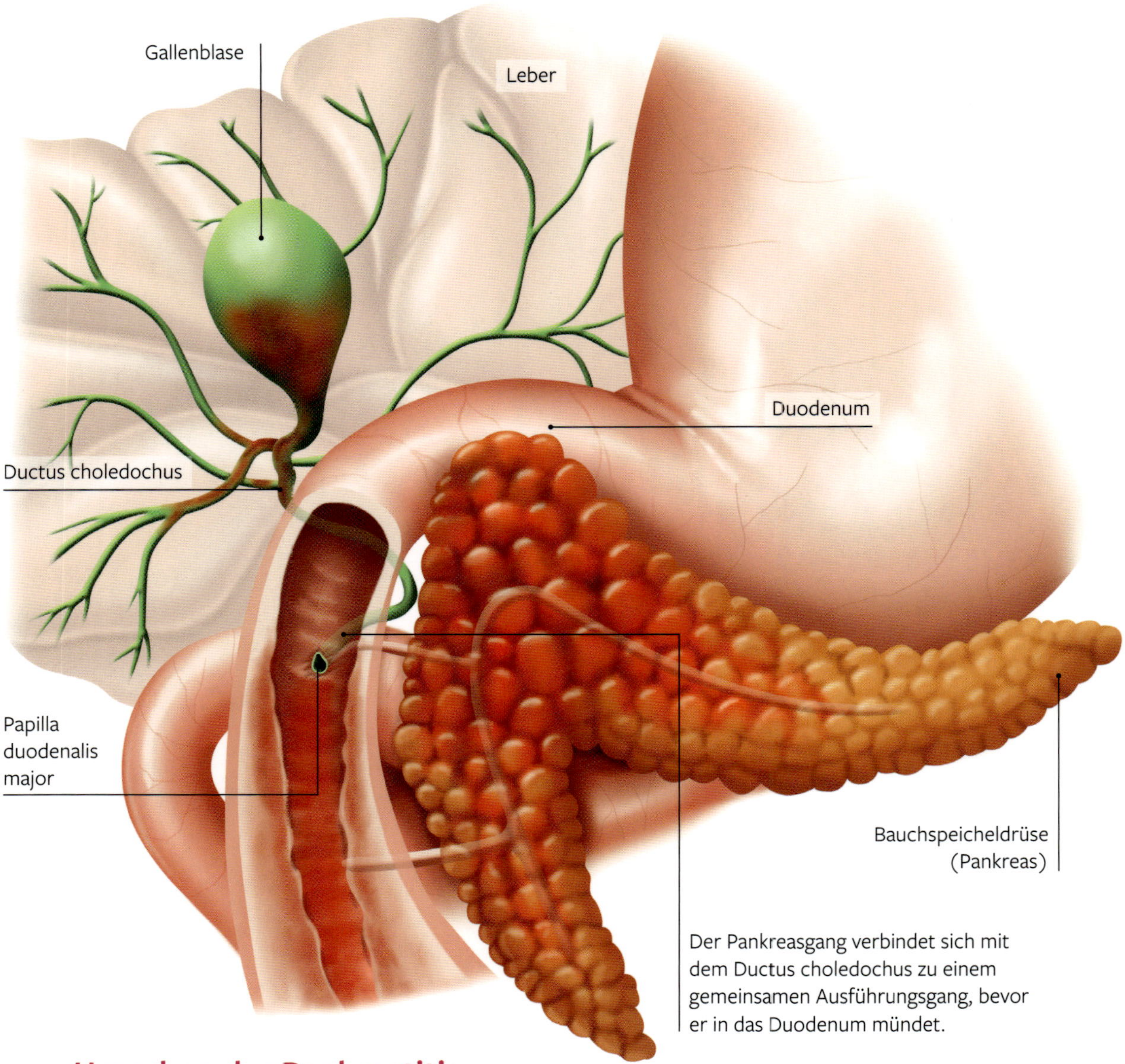

Ursachen der Pankreatitis

- Medikamente und toxische Substanzen (Organophosphate)
- Infektionserreger: *Toxoplasma gondii*, hypervirulentes Calicivirus, FIP-Virus, Panleukopenie-Virus, Herpesvirus
- Trauma
- Hypotonie
- Obstruktion aufgrund einer Neoplasie
- duodenaler Reflux, verursacht durch Erbrechen im Rahmen einer chronischen Darmentzündung
- biliärer Reflux aufgrund einer Cholangitis

Klinische Symptome

- sehr variabel
- häufige Symptome: reduziertes Allgemeinbefinden, chronisches Erbrechen und Gewichtsverlust
- weitere Symptome: Durchfall, Dehydrierung, Ikterus und in schweren Fällen Dyspnoe, Bauchschmerzen und Schock

2.57 Darmobstruktion durch Haarballen (Trichobezoare)

Trichobezoare bilden sich im gesamten Magen-Darm-Trakt bei Katzen als Folge der Haaraufnahme während der täglichen Fellpflege. Es ist jedoch nicht normal, dass Katzen Haarballen erbrechen. Mehr als 75 % der kurzhaarigen Katzen und bis zu 50 % der langhaarigen Katzen erbrechen nie.

Die Annahme, dass Katzen Trichobezoare regelmäßig ausscheiden, ist falsch.

Krankheitszeichen

Das regelmäßige Ausscheiden von Trichobezoaren ist, insbesondere bei kurzhaarigen Katzen, Anzeichen eines ...

- entzündlichen Problems des Verdauungstraktes: entzündliche Magen-Darm-Erkrankung, unerwünschte Reaktion auf Futtermittel etc.,
- Hautproblems: verstärkte Fellpflege (Ektoparasiten, Überempfindlichkeitsreaktion etc.).

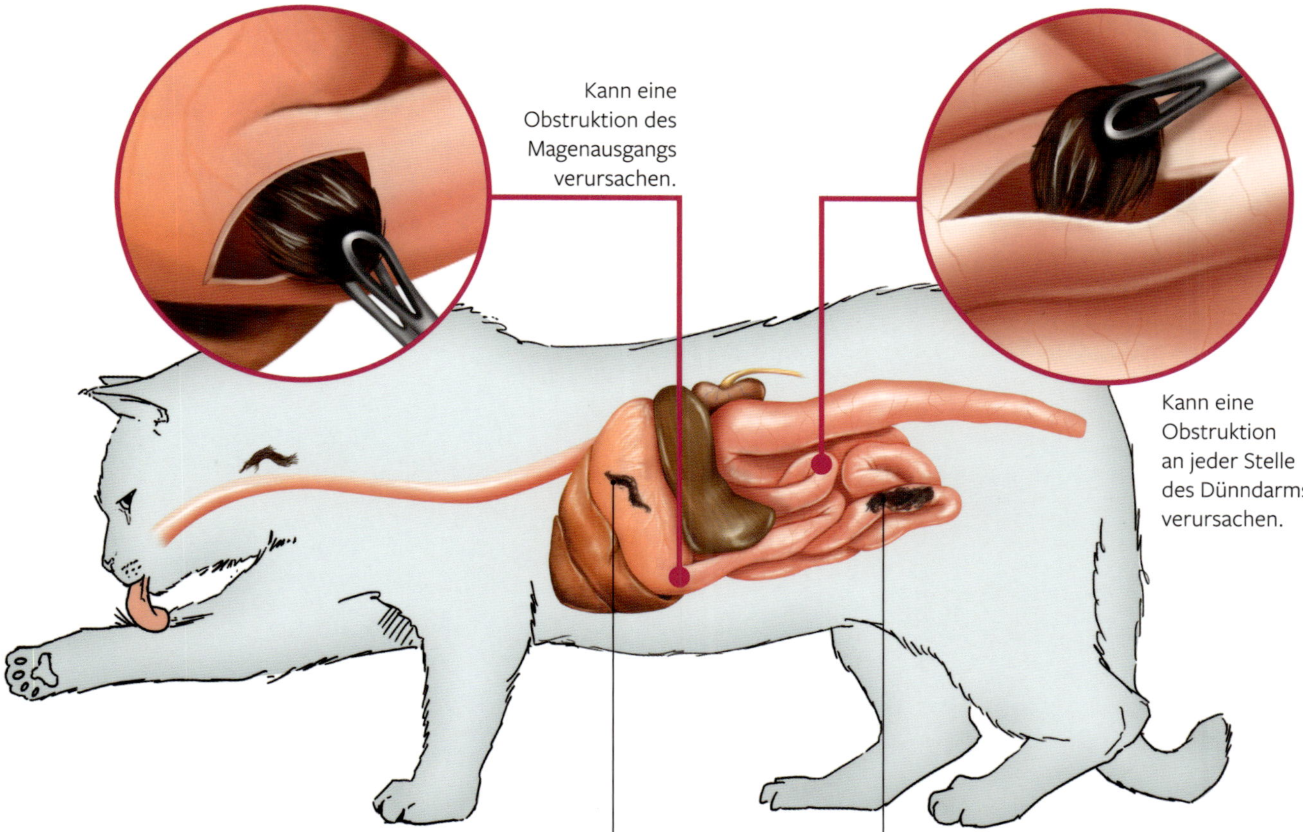

Wenn eine Katze häufiger erbricht, sollte von einer Erkrankung des Verdauungstraktes ausgegangen werden.

Chirurgische Therapie

schwere Obstruktion: Entfernung mittels offen-chirurgischem Eingriff oder Endoskopie

Empfehlungen:

- Diagnostizierung von Erkrankungen des Verdauungstraktes oder der Haut
- häufiges Bürsten, speziell bei Langhaarkatzen und während des Fellwechsels
- faserreiche Ernährung oder spezielle Diät, um die Bildung von Trichobezoaren zu reduzieren

2.58 Megakolon

Ein Megakolon ist definiert als eine Erweiterung des Dickdarms. Eine funktionelle Anomalie des Kolons verursacht die Ansammlung von Fäzes und verhindert ihre Ausscheidung.

Beträgt der Quotient aus dem maximalen Durchmesser des Kolons und der Länge von L5 mehr als 1,6 auf dem Röntgenbild → Diagnose Megakolon.

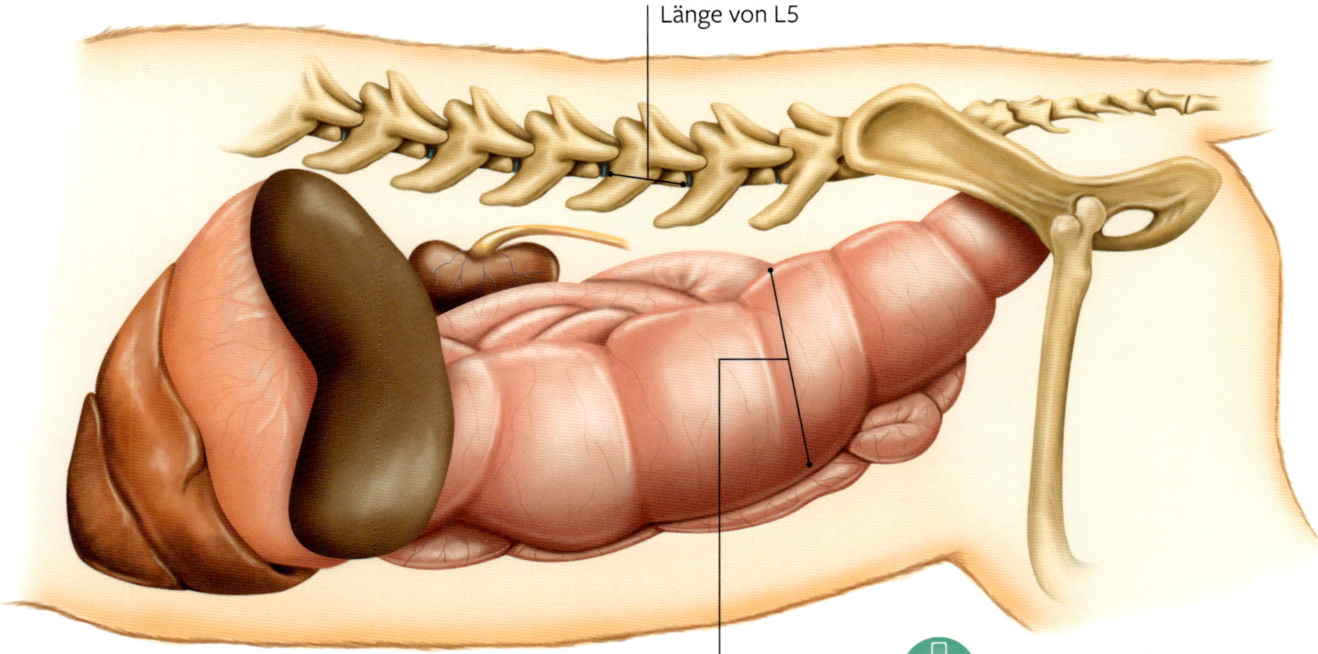

Die Diagnose erfordert Röntgenbilder des Abdomens und der Hüfte genauso wie eine neurologische Untersuchung.

Klassifizierung

- **kongenital:** aufgrund von Problemen in der Entwicklung einiger Segmente durch anatomische Fehlbildungen oder neurologische Entwicklungsprobleme
- **sekundär zu einer Obstruktion:** aufgrund einer Stenose, von Massen, Neoplasien etc.
- **idiopathisches Megakolon:** generell bei Katzen ab einem Alter von 8 Jahren, Dysfunktion der glatten Muskulatur des Dickdarms, die zu schwerer chronischer Verstopfung und anschließendem Megakolon führt

Klinische Symptome

- chronische Verstopfung
- Tenesmus: schmerzvolle und erfolglose Versuche Kot abzusetzen (Miauen)
- Fäzes außerhalb der Katzentoilette (Aversion aufgrund von Schmerzen)
- blutige Flüssigkeit ähnlich einer Diarrhoe (Irritation der Schleimhaut)
- Erbrechen bei schweren Krankheitsbildern, aufgrund einer Irritation des Kolons und Absorption von Toxinen
- Anorexie, Lethargie und Schwäche

Konservative Therapie

- Einläufe bei schwerer Verstopfung
- Laxanzien oral verabreicht
- Prokinetika wie Ranitidin

Chirurgische Therapie

- Kommt zum Einsatz, wenn die konservative Therapie unwirksam ist.
- Die subtotale Kolektomie ist das Verfahren der Wahl, 85–95 % des Kolons werden entfernt.

Diätetische Maßnahmen

Futtermittel, die reich an unlöslichen Fasern sind.

2.59 Die häufigsten Darmparasiten

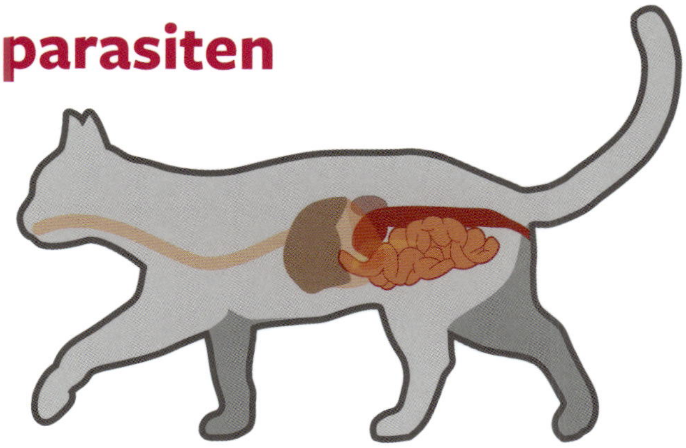

Auf den Menschen übertragbare Erkrankung (Zoonose).

Protozoen (Einzeller)

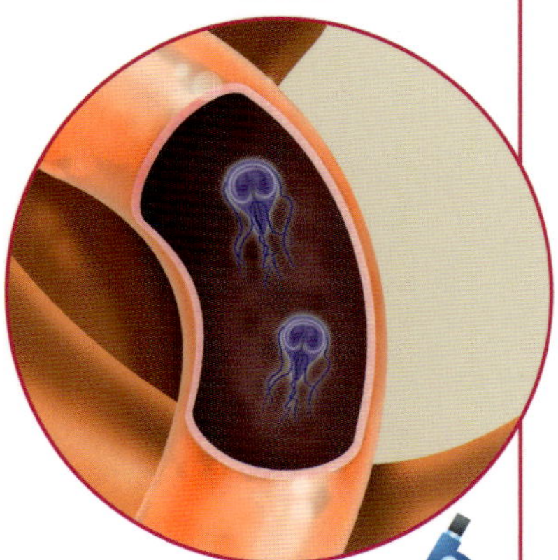

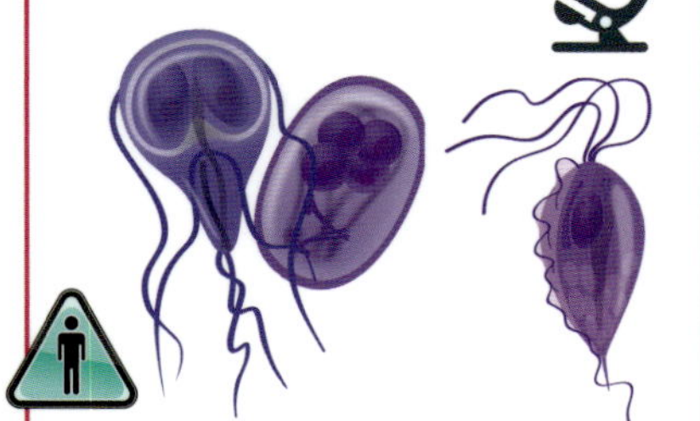

Giardia ***Tritrichomonas***

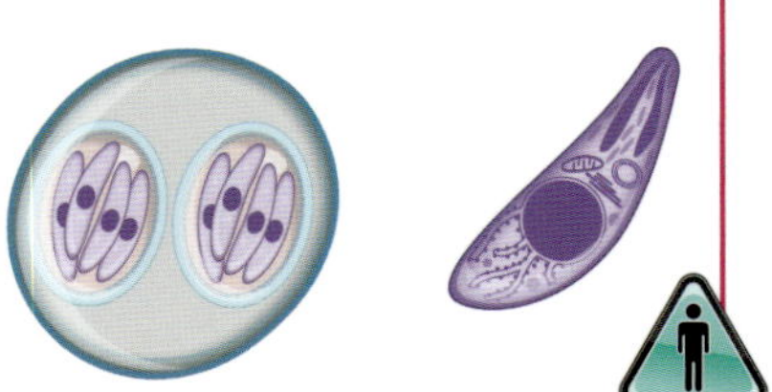

Isospora ***Toxoplasma***

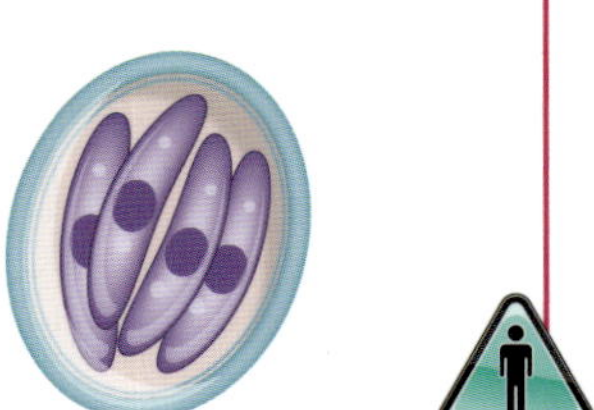

Cryptosporidium

Nematoden (Rundwürmer)

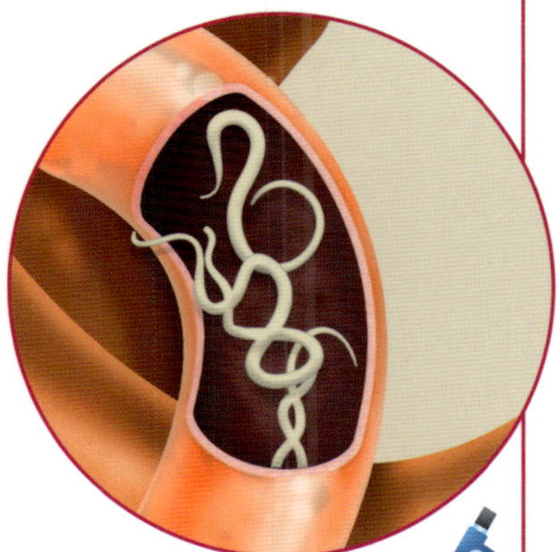

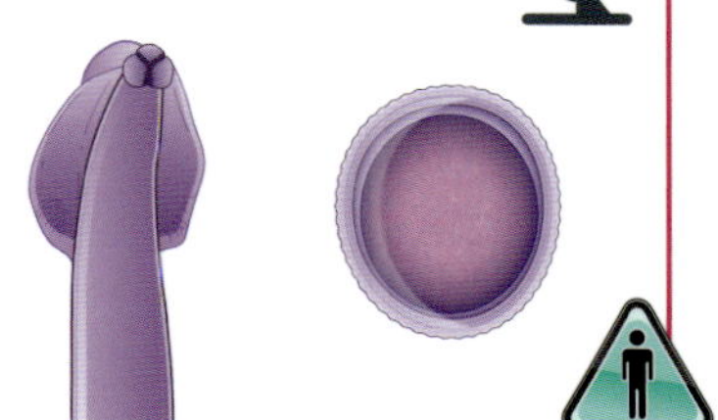

Toxocara cati

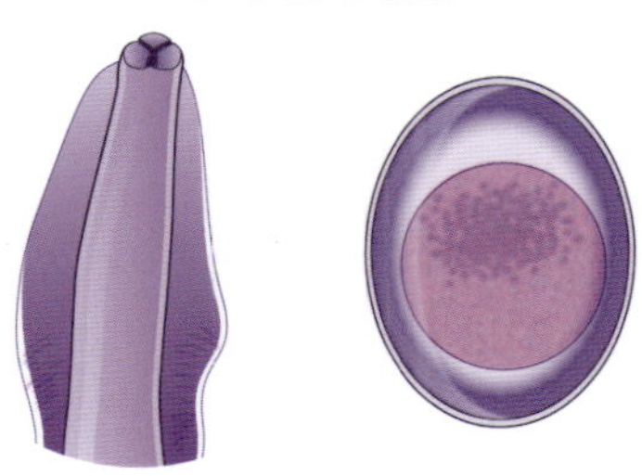

Toxascaris leonina

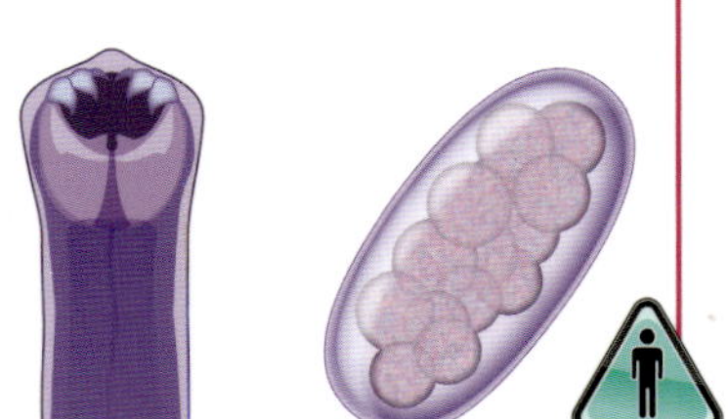

Ancylostoma tubaeforme

Zestoden (Bandwürmer)

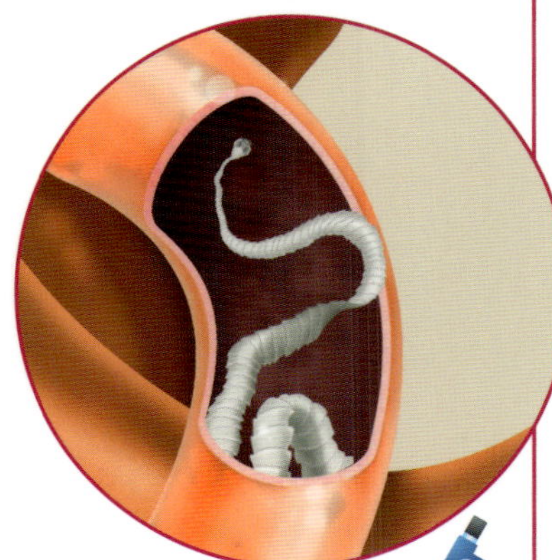

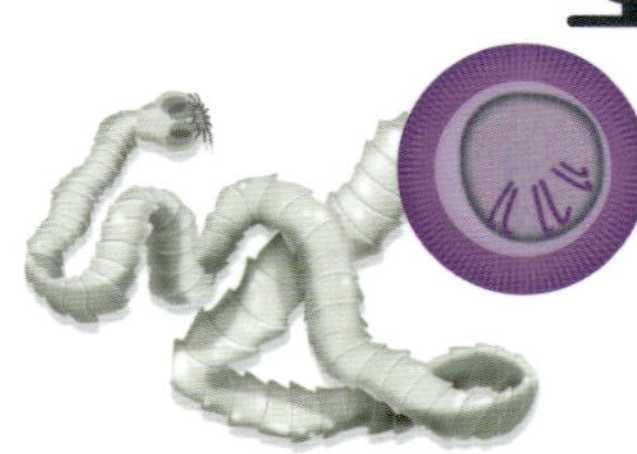

Taenia spp.

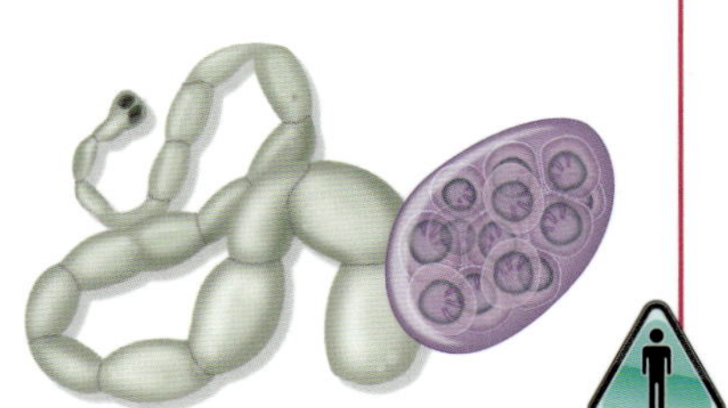

***Dipylidium caninum* (Gurkenkernbandwurm)**

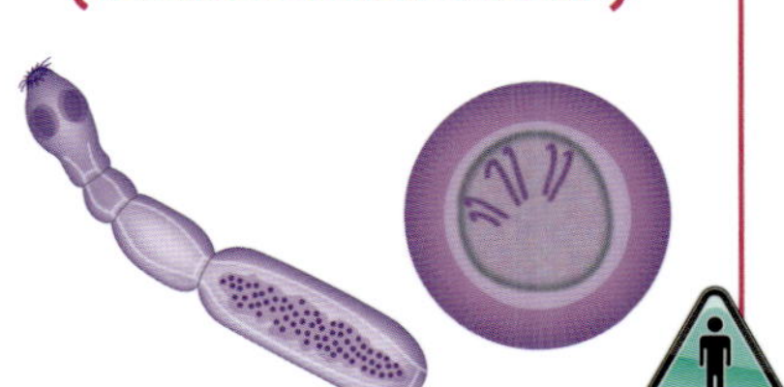

***Echinococcus multilocularis* (Fuchsbandwurm)**

2.60 Zentrales, peripheres und autonomes Nervensystem

Zentrales Nervensystem

1. Gehirn
2. Kleinhirn (Zerebellum)
3. Rückenmark
4. Hirnstamm
5. fünfter Lendenwirbel (L5)
6. sechster Lendenwirbel (L6)
7. Rückenmark
8. Cauda equina

Peripheres Nervensystem

9. zervikale Spinalnerven
10. Plexus brachialis (C5, C6, C7, Th1)
11. N. radialis
12. N. musculocutaneus
13. N. medianus
14. N. ulnaris
15. thorakale Spinalnerven
16. lumbale Spinalnerven
17. Plexus lumbalis (L5, L6, L7, S1, S2)
18. N. femoralis
19. N. saphenus
20. N. obturatorius
21. N. ischiadicus

Autonomes Nervensystem

22. Ganglion cervicale craniale
23. Ganglion distale
24. Truncus vagosympathicus
25. Ganglion cervicale caudale
26. Ganglion cervicothoracicum
27. N. vagus
28. N. vagus, dorsaler Ast
29. N. vagus, ventraler Ast
30. Ganglien des Truncus sympathicus
31. Ganglion coeliacomesentericum
32. Ganglion mesentericum caudale
33. N. hypogastricus

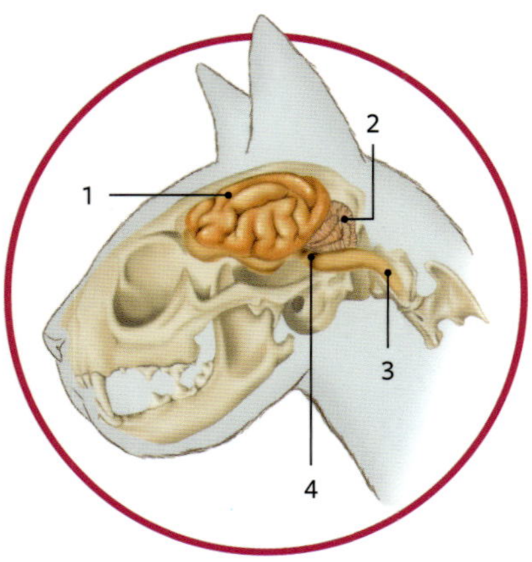

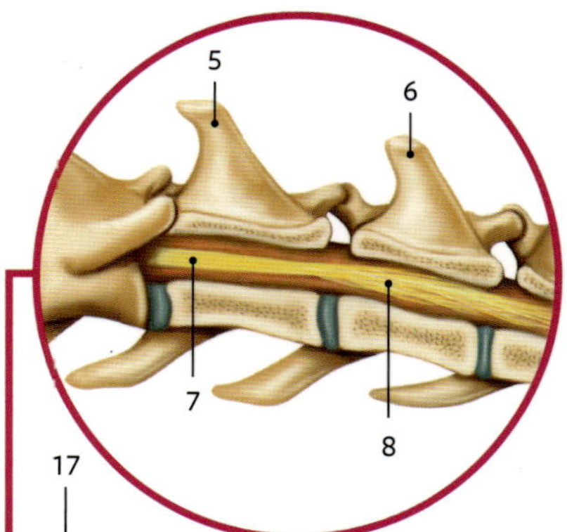

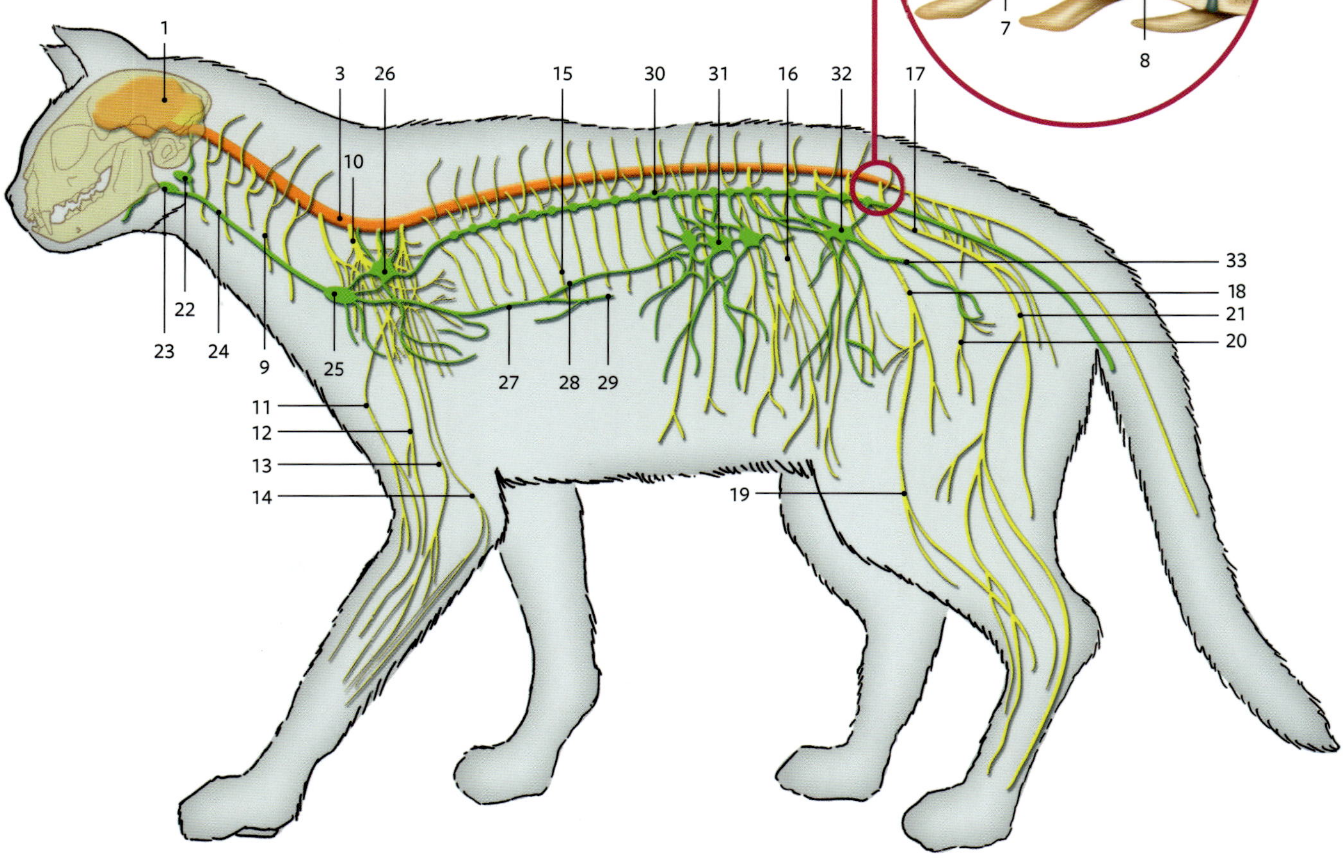

2.61 Strukturen des Auges

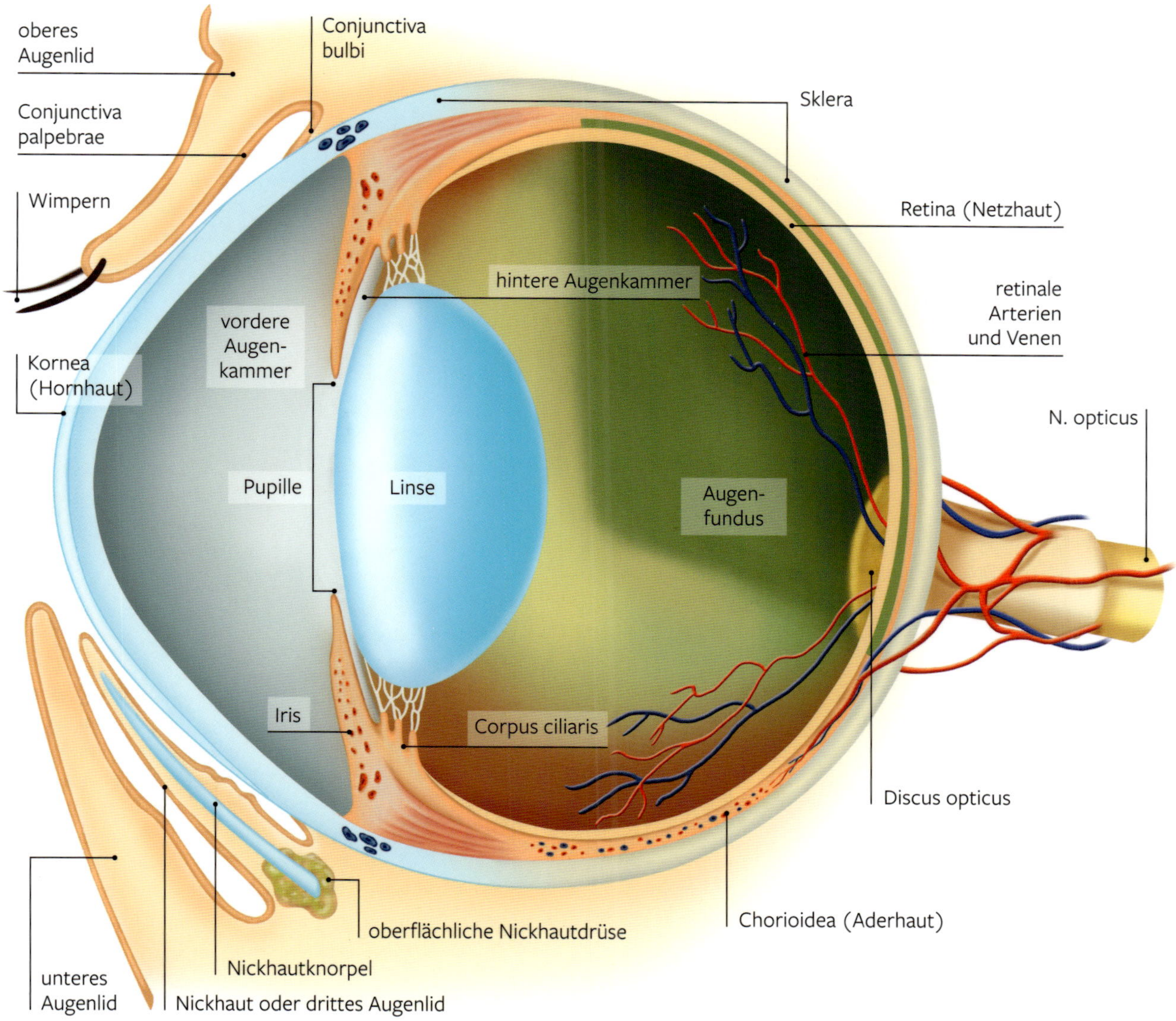

Mechanismus des Pupillarreflexes

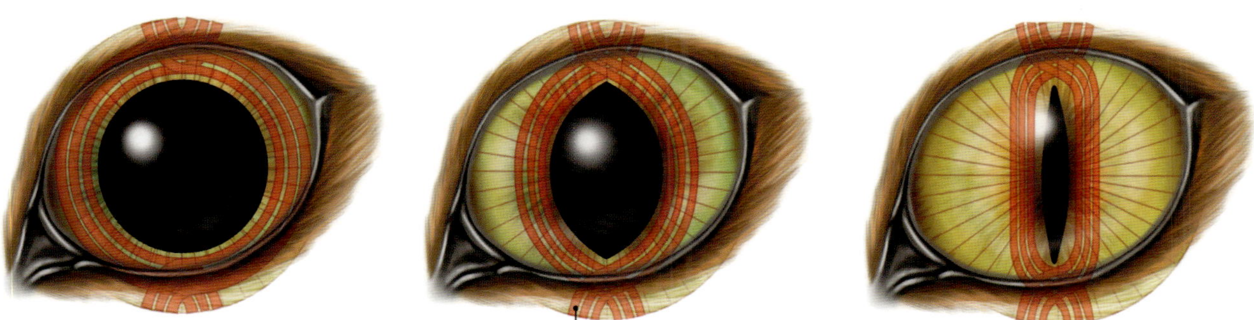

Augen

2.62 Hornhautulkus und Keratitis

Chirurgische Therapie schwerer Ulzera

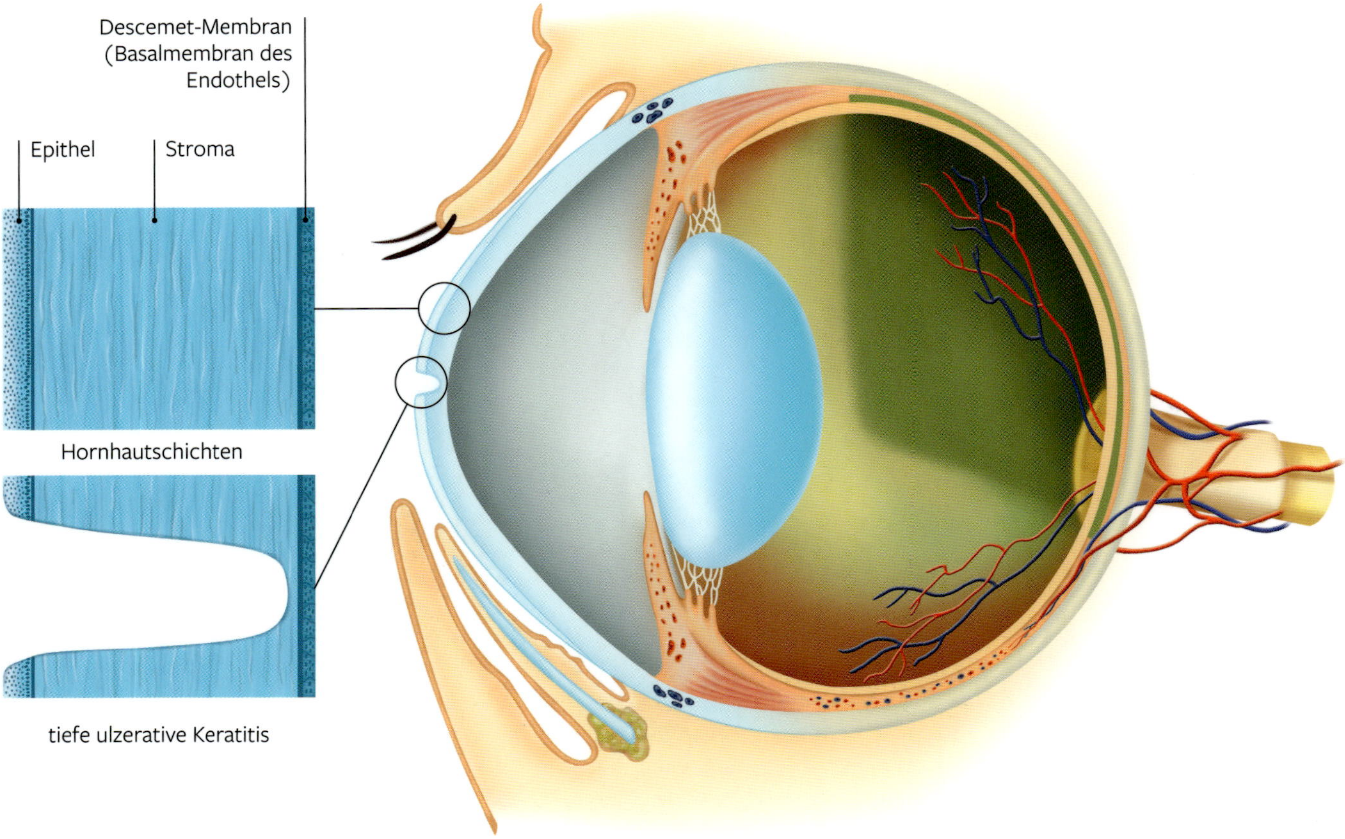

Chirurgie der tiefen ulzerativen Keratitis mittels Bindehautlappen

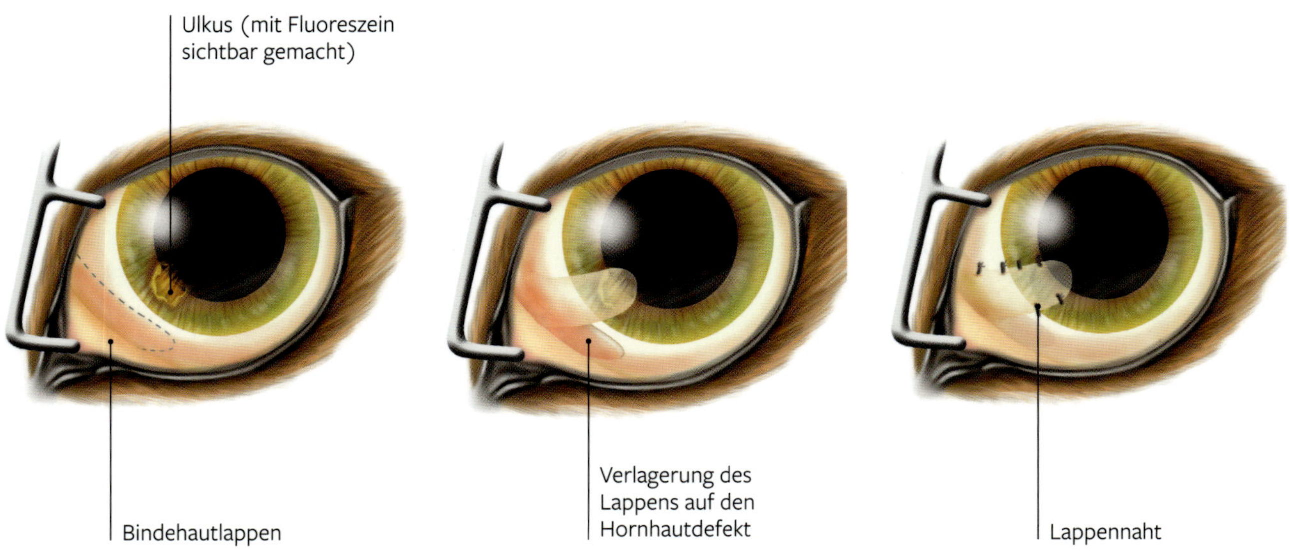

3.1 Toxoplasmose

Auf den Menschen übertragbare Erkrankung (Zoonose).

Diese Erkrankung wird verursacht durch das Protozoon *Toxoplasma gondii*. Bei Katzen (Endwirt) durchläuft der Parasit einen enteroepithelialen Zyklus. Oozysten werden mit dem Kot freigesetzt und werden in der äußeren Umgebung infektiös. Der Schweregrad des klinischen Bildes hängt ab vom betroffenen Organ, dem Nekrosegrad (Zelltod) und der Art des Stammes von *Toxoplasma gondii*.

Auftreten von Symptomen

- nach der Aufnahme von kontaminiertem rohen Fleisch oder kontaminiertem Wasser
- bei Kitten, nach der Geburt oder während der Säugeperiode, wenn das Muttertier infiziert ist
- nach der Reaktivierung bei Katzen mit latenter Erkrankung

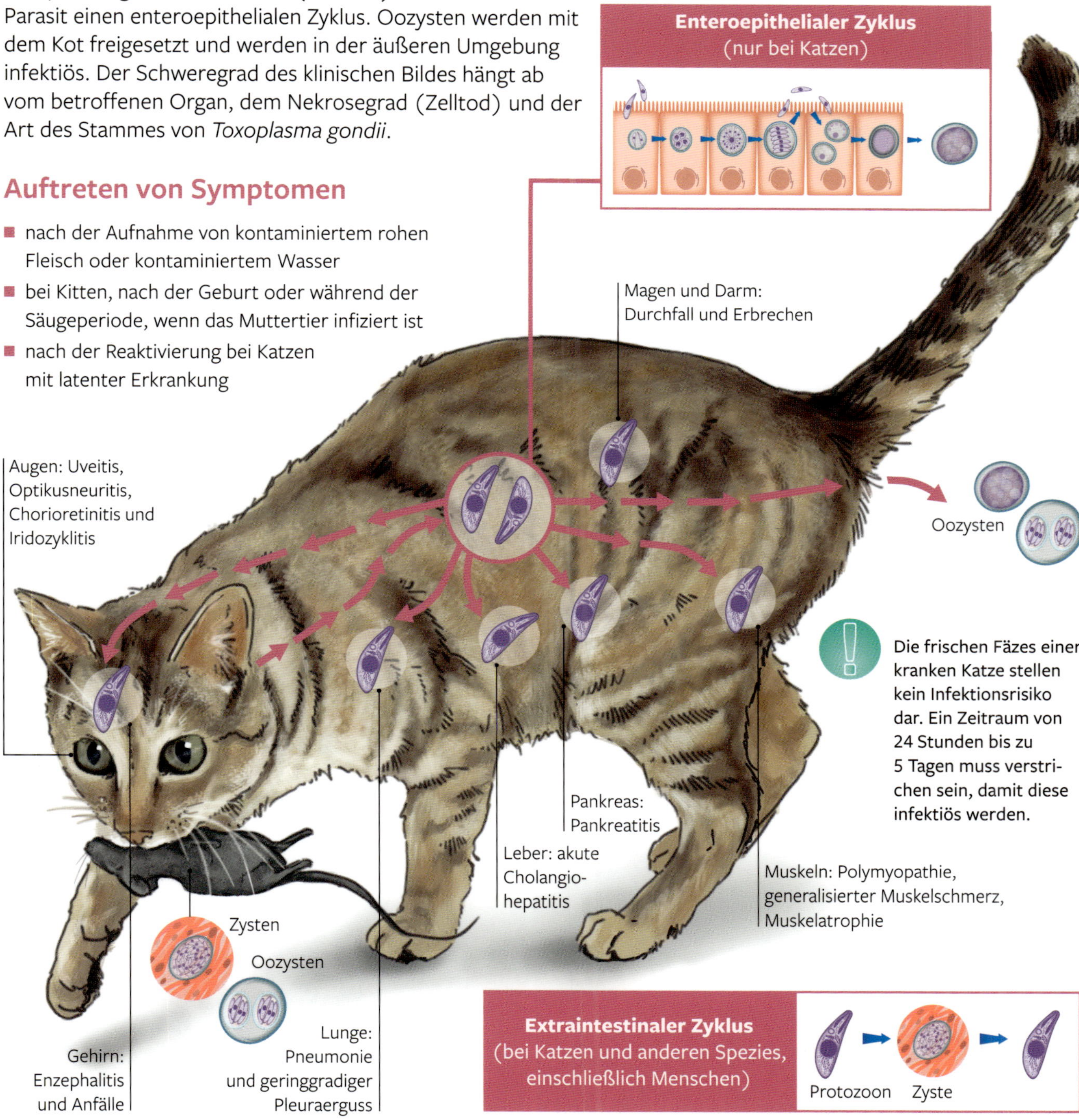

Die frischen Fäzes einer kranken Katze stellen kein Infektionsrisiko dar. Ein Zeitraum von 24 Stunden bis zu 5 Tagen muss verstrichen sein, damit diese infektiös werden.

Empfehlungen

Um eine Infektion zu vermeiden, sollten insbesondere schwangere Frauen und immunsupprimierte Personen ...

- nur Fleisch konsumieren, das auf hohe Temperaturen erhitzt wurde,
- wenig erhitztes Fleisch nur konsumieren, nachdem es vorher über 2 Tage eingefroren war,
- nach der Gartenarbeit und dem Kochen die Hände waschen, kein unbehandeltes Wasser trinken,
- die Katzentoilette täglich mit einer Schaufel reinigen und danach die Hände waschen.

3.2 Feline infektiöse Peritonitis (FIP)

Verursacht durch das feline Coronavirus (FCoV), welches über die Fäzes übertragen wird. Die FCoV-Infektion verursacht wenige Symptome im Verdauungstrakt, aber 5–10 % der infizierten Katzen entwickeln eine feline infektiöse Peritonitis (FIP). Diese fortschreitende Erkrankung ist mit einer sehr hohen Mortalität verbunden und betrifft hauptsächlich junge Katzen in Tierheimen oder Zwingern.

Risikofaktoren

- Gruppen von Katzen (geteilte Katzentoilette)
- Alter: Katzen in einem Alter < 1 Jahr sind am häufigsten betroffen.
- assoziierte Infektionen (Bakterien, Parasiten, andere Viren)
- schlechte Hygiene, Überbesatz

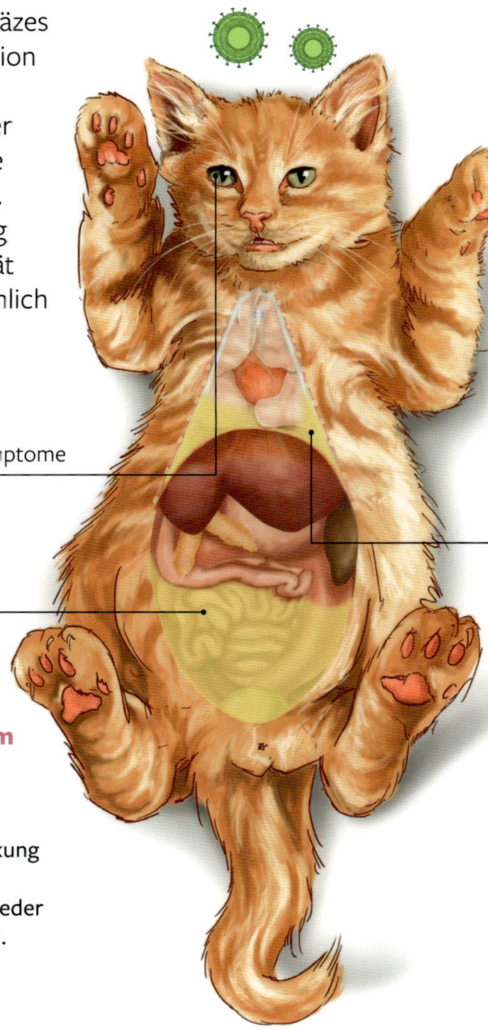

Feuchte Form

Klinische Symptome

Häufige Symptome bei der trockenen und der feuchten Form:

- Fieber mit fehlendem Ansprechen auf eine antibiotische Behandlung
- reduziertes Allgemeinbefinden
- fortschreitender Gewichtsverlust
- Wachstumsstörungen bei Kitten

Das Fortschreiten der Erkrankung hängt von der Interaktion des Virus mit dem Immunsystem jeder individuellen Katze zusammen.

Trockene Form

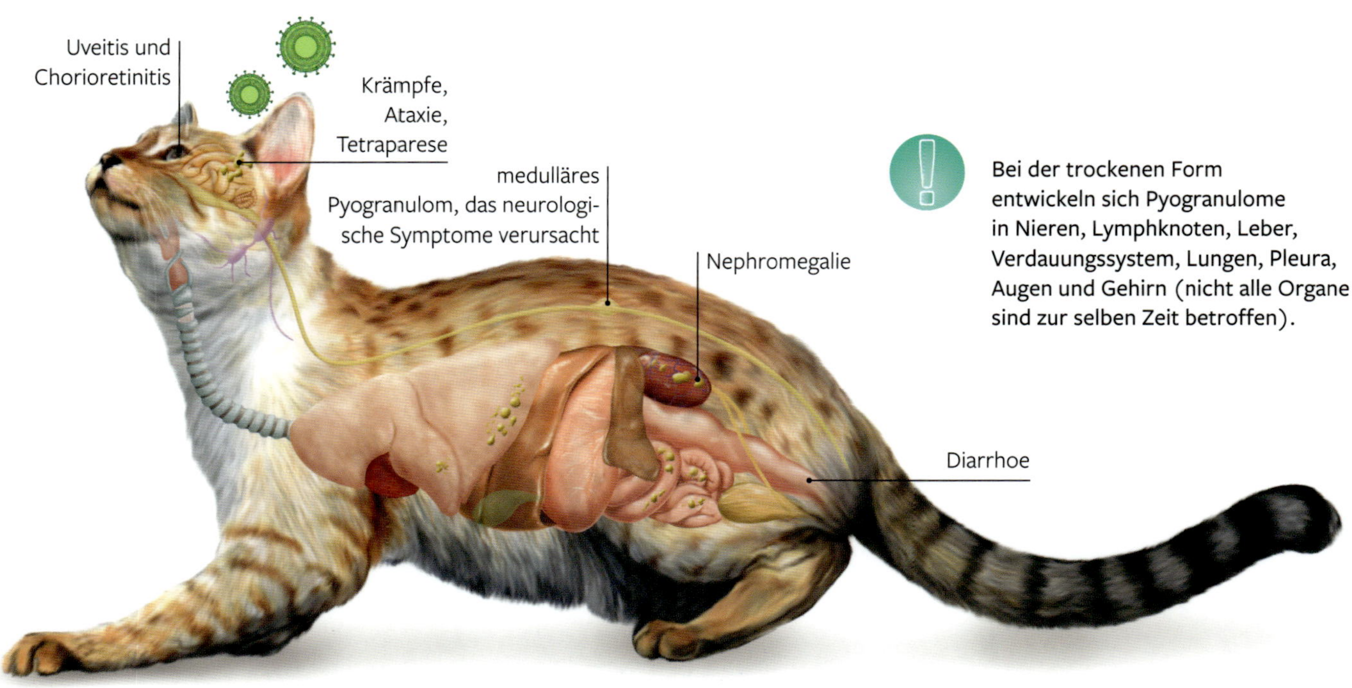

Bei der trockenen Form entwickeln sich Pyogranulome in Nieren, Lymphknoten, Leber, Verdauungssystem, Lungen, Pleura, Augen und Gehirn (nicht alle Organe sind zur selben Zeit betroffen).

3.3 Feline Leukämievirus-Infektion (FeLV)

Das feline Leukämievirus (FeLV) wird hauptsächlich über Speichel übertragen und erfordert einen engen, längeren Kontakt zwischen Katzen. Weniger häufiger wird es über Nasenausfluss, Tränen, Fäzes, Urin, Milch, Sperma, Vaginalflüssigkeit und die Plazenta übertragen.

> Eine Impfung sollte in einem Alter von 8–9 Wochen beginnen, mit einer zweiten Dosis 3–4 Wochen später. Die Katzen sollten dann wieder nach 1 Jahr und nachfolgend entsprechend ihres Risikolevels geimpft werden.*

> Die Diagnosestellung einer felinen Leukämievirus-Infektion ist komplex. Tests wie ELISA (Antigen-Nachweis) und PCR (Provirus-Nachweis) von Blut- und auch Knochenmarkproben können erforderlich sein.

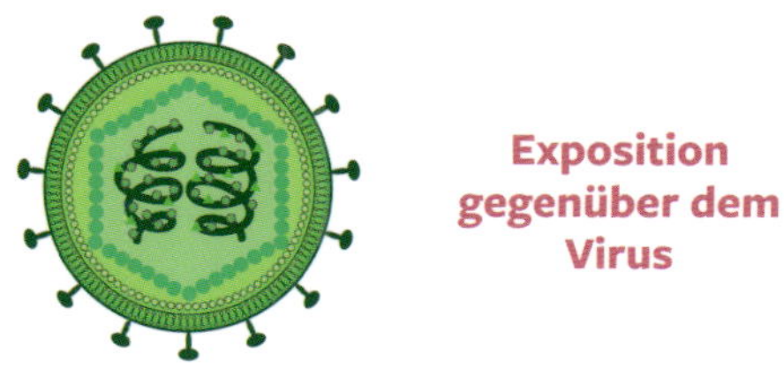

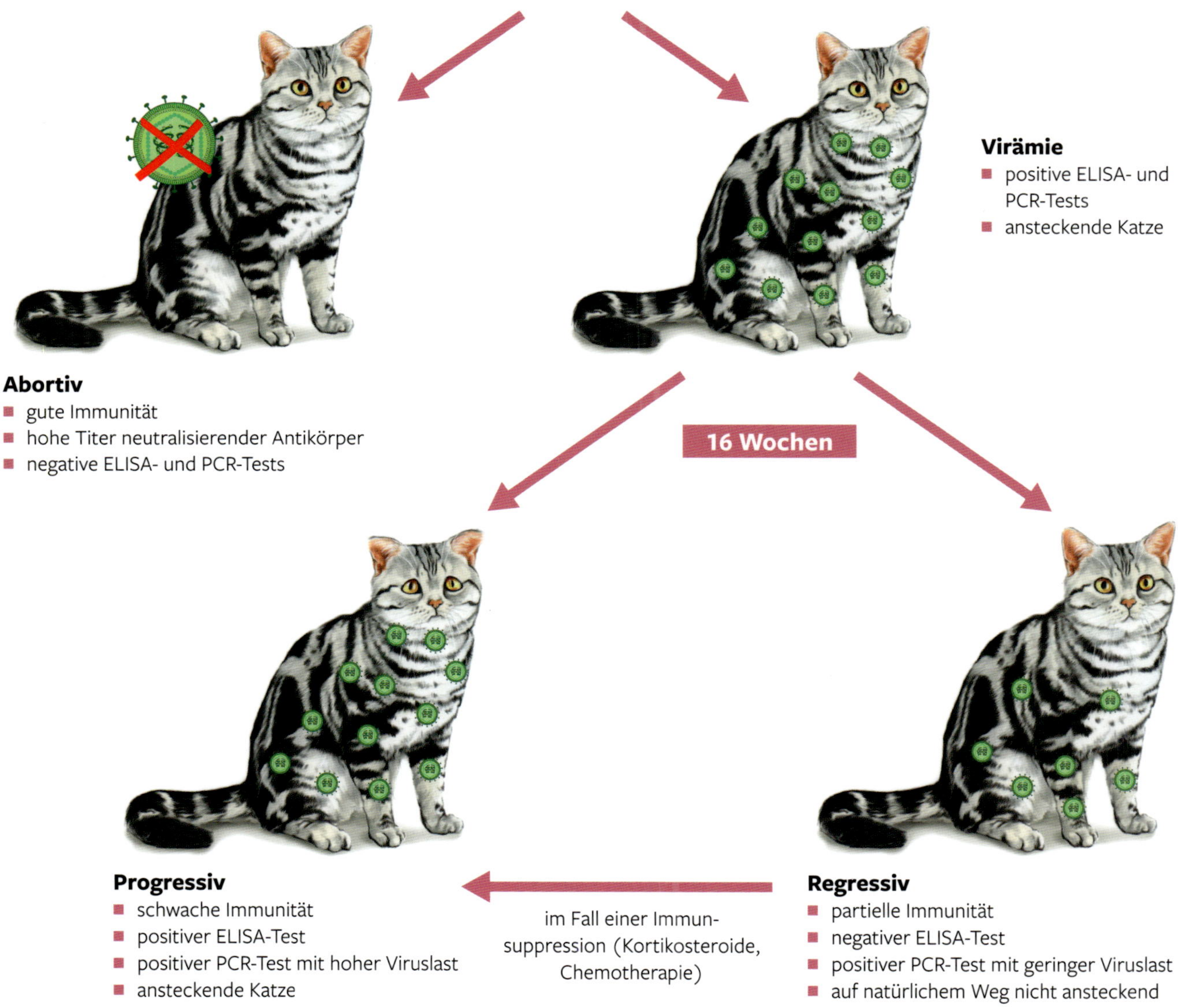

Konservative Therapie

Aktuell gibt es keine kurative Behandlungsform. Es können aber Symptome gelindert und die Lebenserwartung verlängert werden.

* In Deutschland gilt die Impfung gegen eine FeLV-Infektion als Non-Core-Vakzinierung, gegen die Katzen nur unter bestimmten Bedingungen geimpft werden sollten (StIKo Vet [2023]: Leitlinie zur Impfung von Kleintieren. 5. aktualisierte Aufl.).

3.4 Feline Immundefizienz (FIV-Infektion)

Diese Virusinfektion wird durch das feline Immundefizienzvirus (FIV) und ausschließlich durch Speichel oder Blut im Fall von Bissverletzungen übertragen. Ein infiziertes Muttertier kann die Infektion zu 50 % auf ihre Nachkommen während der Trächtigkeit und Laktation übertragen.

Ein Bluttest (ELISA) muss sowohl 15 Tage als auch 2 Monate, nachdem die Katze gebissen wurde, durchgeführt werden.

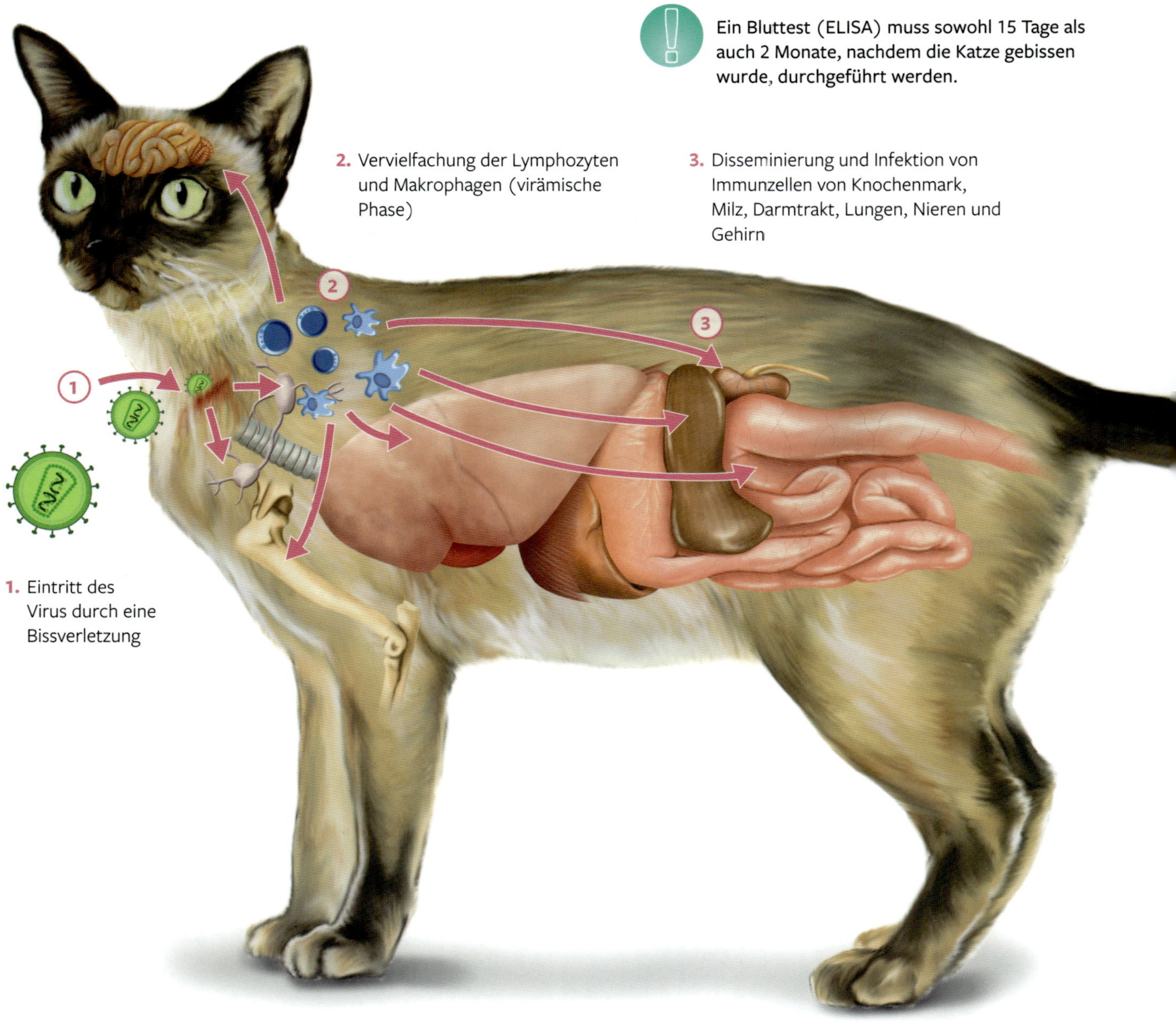

Klinische Symptome

- zum Zeitpunkt der Infektion: Fieber, Lymphknotenvergrößerung, Apathie und Anorexie
- Anschließend folgt eine asymptomatische Periode, die Jahre andauern kann.
- Wenn das Immunsystem geschwächt ist, erscheint ein Stadium der Immundefizienz (AIDS), das über einige Monate anhält: Fieber, Anorexie, Lymphknotenvergrößerung, Sekundärinfektionen (Durchfall, Otitis, Konjunktivitis, Rhinitis, kutane Abszesse), Gingivostomatitis, immunvermittelte Anämie, neurologische Erkrankungen und Tumore.

Diagnose

- Test auf Antikörper im Blut bei Katzen > 6 Monaten (ELISA) und PCR-Test bei Katzen < 6 Monaten
- Jedes positive Ergebnis sollte durch einen PCR-Test bestätigt werden.

3.5 Feline Panleukopenie

Erkrankung, die durch ein Parvovirus übertragen wird. Einige Varianten des kaninen Parvovirus können auch Katzen infizieren. Zu einer Infektion kommt es durch direkten Kontakt mit Sekreten einer erkrankten Katze (Fäzes, Speichel etc.) oder mit einer kontaminierten Umgebung.

Dieses Virus führt bei einem hohen Prozentsatz der nicht oder nicht ausreichend geimpften Katzen zum Tod.

- Das Parvovirus überlebt auf allen Oberflächen bis zu 1 Jahr.
- Es ist resistent gegenüber den meisten Desinfektionsmitteln.

Bei trächtigen Katzen

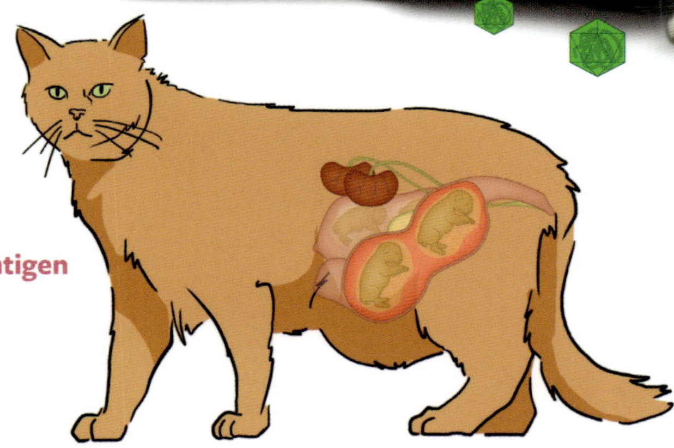

Trächtigkeit (2 Monate)		
frühe Infektion	Infektion in der Mitte der Trächtigkeit	späte Infektion
fetaler Tod und Resorption	Aborte und fetale Mumifizierung	Geburt von Kitten mit Schäden von Gehirn und Kleinhirn

Klinische Symptome

Treten innerhalb von 5–14 Tagen nach dem Viruskontakt auf:

- Fieber, sehr schlechtes Allgemeinbefinden
- Anorexie, Erbrechen
- Sepsis mit blutigem Durchfall und Gelbsucht
- plötzlicher Tod bei Katzen in einem Alter bis zu 1 Jahr

Empfehlungen

- Alle Bereiche, die mit der kranken Katze in Kontakt kommen, mit wirksamen Desinfektionsmitteln nach Herstellerangaben desinfizieren (z. B. mit dem Wirkstoff Kaliummonopersulfat).
- Nur vollständig geimpfte Katzen sollten in Bereiche gelangen, die nicht adäquat gereinigt und desinfiziert werden können.

Alle Katzen sollten geimpft werden, auch reine Wohnungskatzen, aufgrund der Infektionsgefahr durch Schuhe, Kleidung etc.

3.6 Felines Herpesvirus

Das Feline Herpesvirus Typ 1 ist der ursächliche Erreger der felinen Rhinotracheitis. Dieses Virus ist in der Lage, sich in konjunktivalen und respiratorischen Zellen sowie in Neuronen zu vermehren. Bei einer Vervielfachung in Neuronen bleibt das Virus nach einer akuten Infektion lebenslang **latent** und wird **wieder aktiv**, falls aus unterschiedlichen Gründen eine Immunsuppression auftritt.

Dieses Virus ist einer der wichtigsten Erreger des felinen respiratorischen Erkrankungskomplexes, zusammen mit Calicivirus, *Bordetella bronchiseptica*, *Chlamydophila felis* und *Mycoplasma* spp.

Übertragung

- über direkten Kontakt mit oronasalen und konjunktivalen Sekreten von akut infizierten Katzen oder solchen, bei denen eine latente Infektion reaktiviert wurde
- über Hände und Gegenstände, obgleich weniger effizient

Klinische Symptome

- Fieber, reduzierter Allgemeinzustand, Anorexie
- Rhinitis mit Niesen und Nasenausfluss, der eitrig wird
- Augenausfluss, ein- oder beidseitige Entzündung der Konjunktiva und des dritten Augenlids
- korneale Entzündung und Bildung kornealer Ulzera, die sich zu tiefen Hornhautulzera und sogar Sequestern entwickeln können
- ungewöhnlich: orale Ulzera, Hypersalivation, Husten und Gesichtsulzera

Fast 80 % der Katzen, die sich mit dem Herpesvirus infizieren, werden für den Rest ihres Lebens zu Trägern. Stress und Immunsuppression können das Virus reaktivieren. Katzen sollten abhängig von ihrem Risikolevel gegen das Herpesvirus geimpft werden. Die Impfung reduziert klinische Symptome nach Infektion und verringert den Schweregrad der Erkrankung sowie die Menge an ausgeschiedenem Virus nach Reaktivierung.

3.7 Felines Calicivirus (FCV)

Dies ist ein hochgradig infektiöses Virus, das bei Katzen weit verbreitet ist. Es kann übertragen werden durch Speichel, Augen- und Nasensekrete, Fäzes und Urin erkrankter Tiere oder chronischer Virusträger. Hände und Gegenstände sind eine weitere Infektionsquelle.

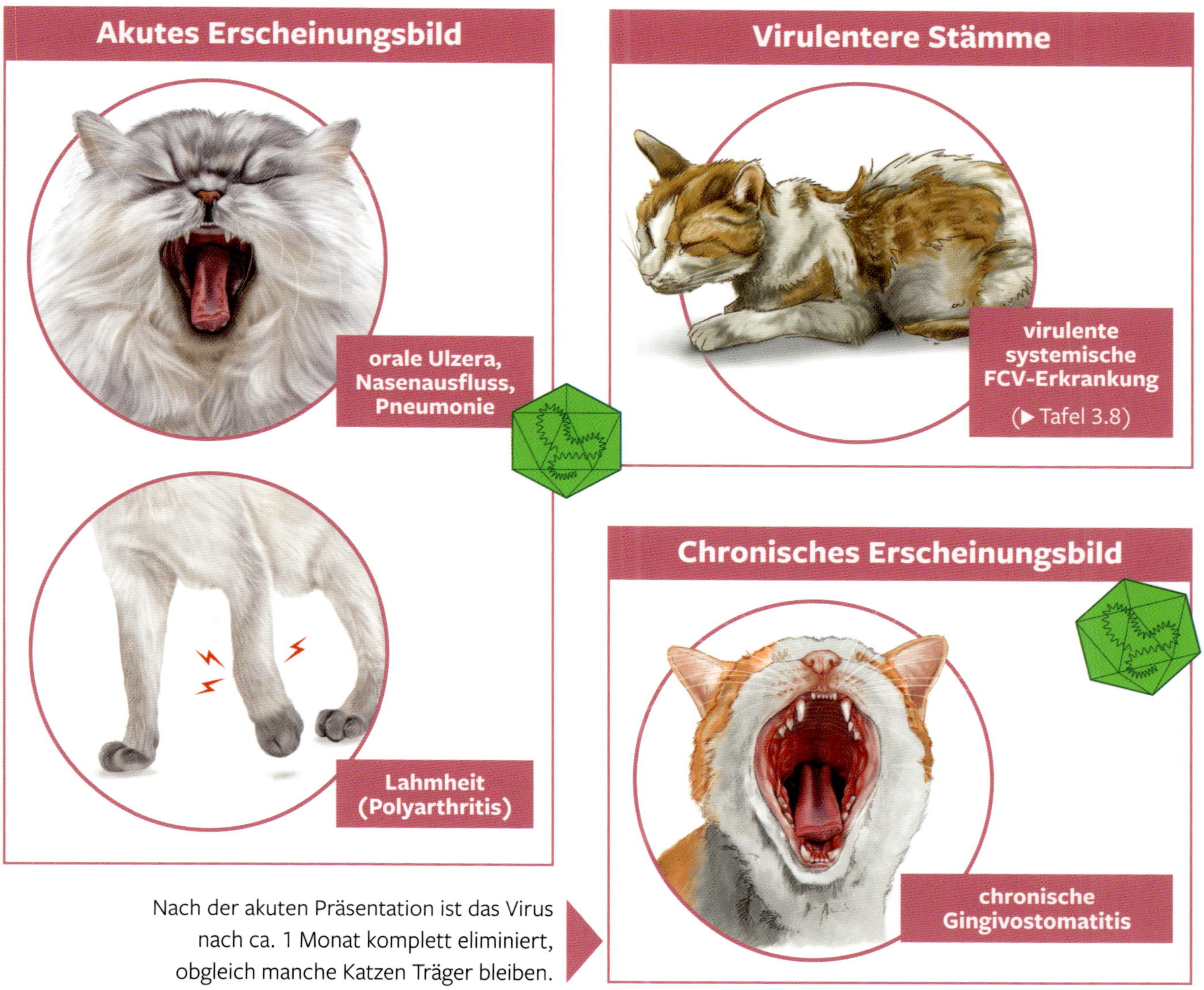

! Impfungen schützen das Tier nicht vor einer Infektion, reduzieren aber sehr effektiv die Schwere der Symptome. Die Impfung mit 2 kreuzreaktiven FCV-Stämmen soll die Kreuzneutralisation gegen virulente Feldviren fördern (StIKo Vet [2023]: Leitlinie zur Impfung von Kleintieren. 5. aktualisierte Aufl.).

Empfehlungen

- Die Umgebung kann mit wirksamen Desinfektionsmitteln nach Herstellerangaben desinfiziert werden (z. B. mit dem Wirkstoff Kaliummonopersulfat).
- Hände sollten mit 70%igem Alkohol desinfiziert werden.

Klinische Symptome

Diese hängen vom Virusstamm und seiner Virulenz ab:

- akute Infektion:
  - akute orale und obere Atemwegserkrankung mit Fieber, oralen Ulzera, Niesen und Nasenausfluss
  - Polyarthritis: vorübergehende Lahmheit mit Fieber
  - systemisches virulentes Calicivirus-Syndrom
- chronische Infektion:
  - chronische Gingivostomatitis (▶ Tafel 2.51)

3.8 Virulente systemische FCV-Erkrankung

Das feline Calicivirus (FCV) kann zu einem ernsten Syndrom führen, das als **virulente systemische FCV-Erkrankung** bezeichnet wird. Diese wird verursacht durch eine virulentere Mutation des felinen Calicivirus, die in Katzen-Gemeinschaften auftritt.

Es handelt sich um selbstlimitierende Ausbrüche, weil das Virus in infizierten Katzen weiter mutiert und dadurch an Virulenz verliert.

Infizierte Tiere müssen isoliert werden, um den Kontakt mit anderen Katzen zu verhindern, da sich auch geimpfte Tiere anstecken können.

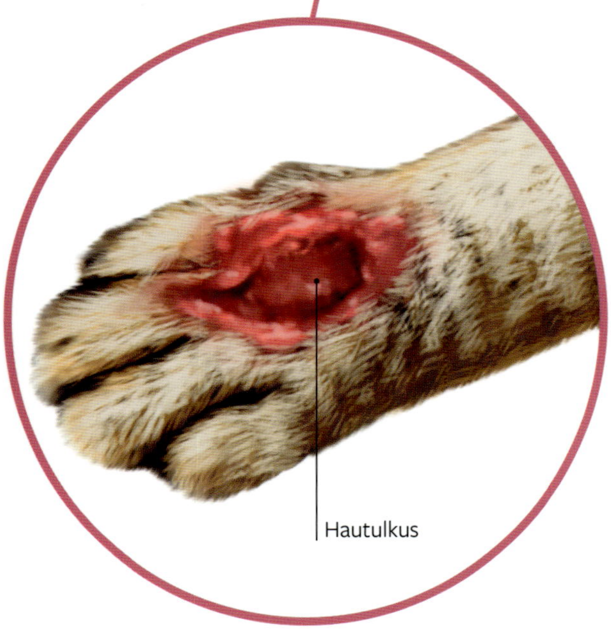

Klinische Symptome

- Symptome erscheinen 1–12 Tage nach der Exposition. Das klinische Erscheinungsbild ist bei adulten Katzen schwerer, mit einer Sterblichkeitsrate von bis zu 67 %.
- Die Anfangssymptome sind typisch für das feline Calicivirus und bestehen aus oberen Atemwegssymptomen, oralen Ulzera und Fieber.
- Diese schreiten fort zur Entwicklung einer Vaskulitis mit Vorhandensein von:
  - Ulzerationen und Hautnekrosen
  - Gesichts- und Gliedmaßenödem
  - Multiorganversagen mit Ikterus aufgrund einer Lebernekrose, Lungenödem, disseminierter intravasaler Gerinnung, Aszites und Pleuraerguss

Diagnose

Basiert auf klinischen Symptomen und einer PCR-Testung von Gewebeproben.

Oberflächen müssen mit wirksamen Desinfektionsmitteln nach Herstellerangaben desinfiziert werden.

Therapie

- Flüssigkeitstherapie, Analgesie und Breitspektrumantibiotika, um die respiratorische und orale Infektion zu behandeln
- Von einer Verabreichung von Kortikosteroiden und felinem Omega-Interferon wurde ebenfalls berichtet.

3.9 Feline Chlamydiose

Diese Krankheit wird durch das Bakterium *Chlamydophila felis* verursacht. Die Infektion erfolgt durch Kontakt mit Konjunktival-, Nasen- und Vaginalsekret sowie durch den Kot.
Hände und Gegenstände (Futter- und Wassernäpfe) können eine Infektionsroute darstellen.

Neugeborene Kitten infizieren sich über die Genitalschleimhaut ihrer Mutter und entwickeln kurz nach der Geburt eine schwere Konjunktivitis. Katzen > 1 Jahr haben ein geringeres Risiko, sich zu infizieren, da sie eine Immunität entwickeln.

Eine Impfung schützt nicht komplett gegen eine Infektion, reduziert aber signifikant die klinischen Symptome und die Replikationsrate der Bakterien. Sie wird empfohlen bei Katzen in Gruppenhaltung.

Umweltbedingungen wie Überbesatz, Hygienemangel, Stress und unzureichende Belüftung begünstigen Reinfektionen.

Klinische Symptome

- Schwere Konjunktivitis und dauerhaftes Tränen der Augen (wässriges oder zähflüssiges und eitriges Sekret). Eine Infektion besteht anfänglich einseitig und tritt dann auf das andere Auge über.
- entzündete oder halbgeschlossene Augen (Blepharospasmus)
- ungewöhnlich: Niesen, Nasenausfluss und Fieber

Empfehlungen

- Die Umgebung kann mit wirksamen Desinfektionsmitteln nach Herstellerangaben desinfiziert werden (z. B. mit dem Wirkstoff Kaliummonopersulfat).
- Hände sollten mit 70%igem Alkohol desinfiziert werden.

4.1 Ernährungssonden

Indikationen

- hepatische Lipidose
- Anorexie, verursacht durch unterschiedliche Erkrankungen, mit einem Gewichtsverlust von 20 % des Körpergewichts
- Gesichtstrauma
- orale chirurgische Eingriffe

Diese Systeme liefern gute Ergebnisse und sind eine bessere Alternative als die Zwangsfütterung, weil die letztgenannte Option zu einem Aversionssyndrom führen kann. Hierdurch benötigt die Katze mehr Zeit, um wieder selbstständig zu fressen und kann eine Abneigung gegen das Futter entwickeln.

Ernährungssonde mittels Ösophagostomie

Vorteile

- kein Halskragen erforderlich
- stört die Katze kaum
- kann bis zu 3 Monate verbleiben
- Die Katze kann zu jeder Zeit freiwillig fressen.
- Verabreichung von Medikamenten über die Sonde möglich

Mit einem kleinen Eingriff am Hals wird die Sonde direkt in den Ösophagus eingebracht.
Die Sonde wird mit der Haut über eine Tabaksbeutelnaht verbunden.

Das Ende der Sonde sollte ein paar Zentimeter oberhalb des Zwerchfells platziert sein.

Nasoösophageale Sonde

Die Sonde wird am Kopf der Katze befestigt, sodass sie gut zugänglich ist.

Einführen der Ernährungssonde in den Verdauungstrakt über die Nase.

Vorteile

- einfaches Vorgehen

Nachteile

- ein Halskragen wird benötigt
- unkomfortabel für die Katze
- kann nur für 6 Tage belassen werden

4.2 Knochenmarkaspiration

Das Knochenmark ist das wichtigste hämatopoetische (blutbildende) Organ des Körpers.

Knochenmarkaspiration aus dem Humeruskopf

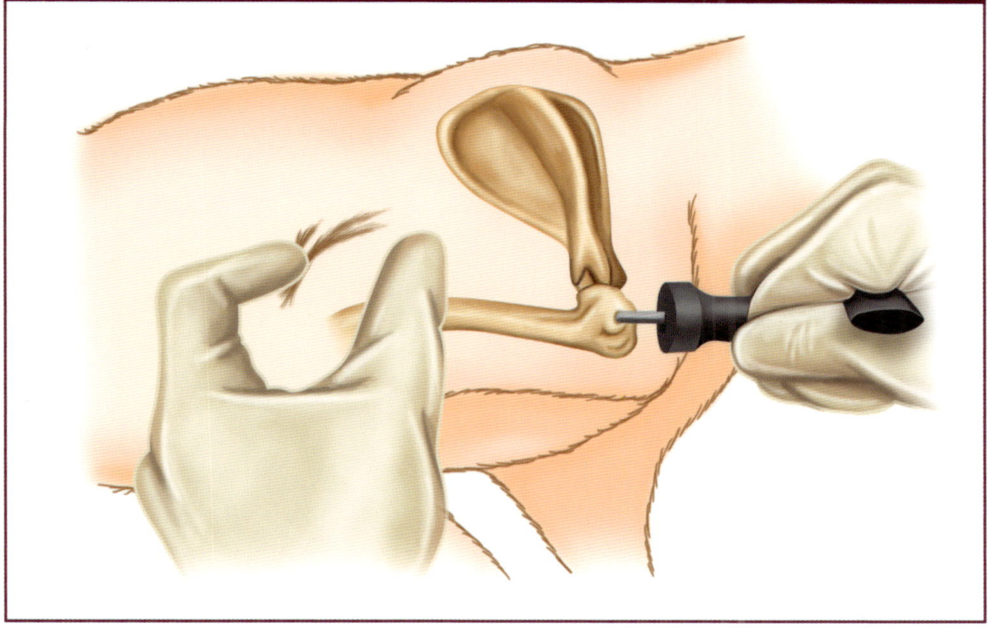

Die Aspiration und Untersuchung von Knochenmark ist nützlich für die Diagnosefindung bei Anämien und Infektionskrankheiten wie der felinen Leukämievirus-Infektion.

Knochenmarkaspiration vom Beckenkamm

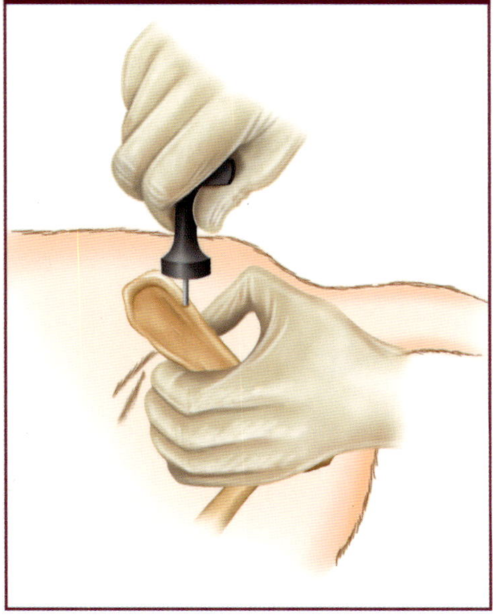

Knochenmarkaspiration vom Femur

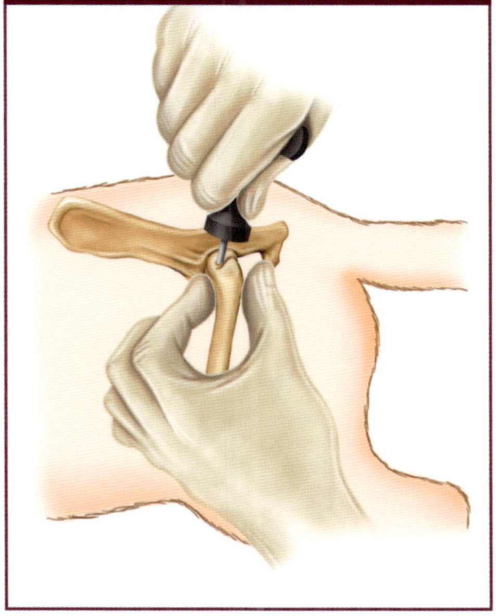

Methode

- Das Knochenmark wird vorsichtig aspiriert mittels einer 10-ml-Spritze und speziellen Knochenmarknadeln oder, im Falle feingliedriger Katzen, mit 18-G-Subkutannadeln.
- Abstriche für die Zytologie werden vorbereitet.
- Ein Teil der Präparate wird für spezifische Tests (PCR auf feline Leukämievirus-Infektion) in EDTA-Lösung aufbewahrt.
- Die Knochen der Wahl sind Humeruskopf, Beckenkamm und Femur.

4.3 Harnröhren-Katheterisierung und Zystozentese

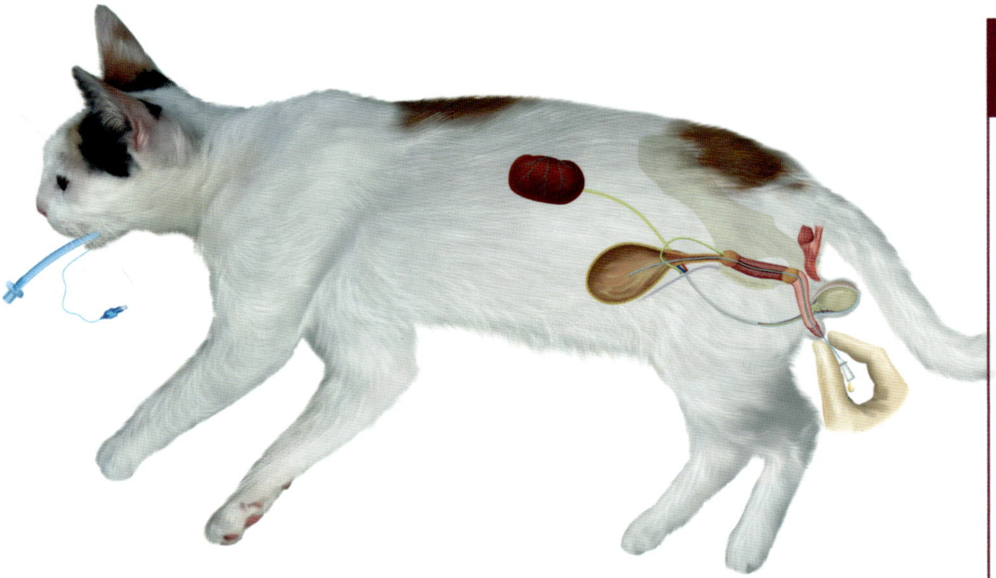

Harnröhren-Katheterisierung

- Dies wird in Fällen durchgeführt, in denen es zu einer Harnröhrenobstruktion kommt (der Kater kann keinen Urin absetzen).
- Die Technik besteht aus dem Einführen eines Katheters durch den Penis bis in die Blase hinein, in der Regeln für maximal 24–48 Stunden.
- Es sind stets eine Narkose und eine intensive Analgesie notwendig.

Zystozentese

- Zur Diagnosestellung von Harnwegsinfektionen ist es notwendig, per Zystozentese eine Urinprobe zu gewinnen.
- Es wird eine Blasenpunktion mit einer Feinnadel durchgeführt.
- Es handelt sich um eine schmerzlose Prozedur.
- Die Urinprobe wird unter sterilen Bedingungen für eine Kultur und ein Antibiogramm eingeschickt.

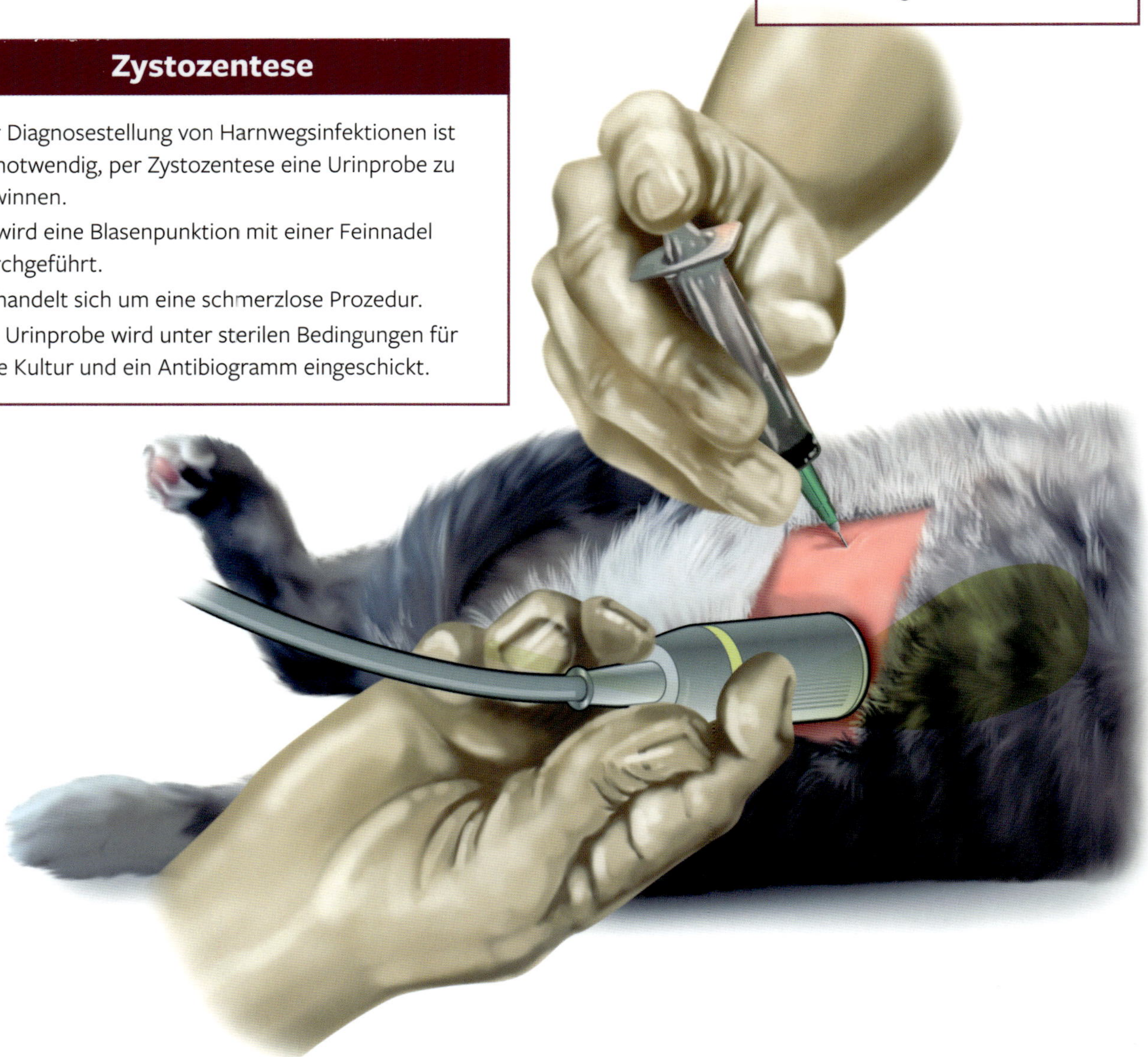

4.4 Thoraxdrainage

Thorakostomie und Thorakozentese

Bei einem Pyothorax, Chylothorax oder Pneumothorax ist die Platzierung einer Thorakostomie-Sonde erforderlich, bis der Zustand behoben ist.

Eine Flüssigkeitsansammlung im Pleuralraum verursacht Atemprobleme. Ihre Entfernung mittels Thorakozentese erlaubt die Diagnosestellung bezüglich der Ursache und verbessert die Atemkapazität des Patienten deutlich.

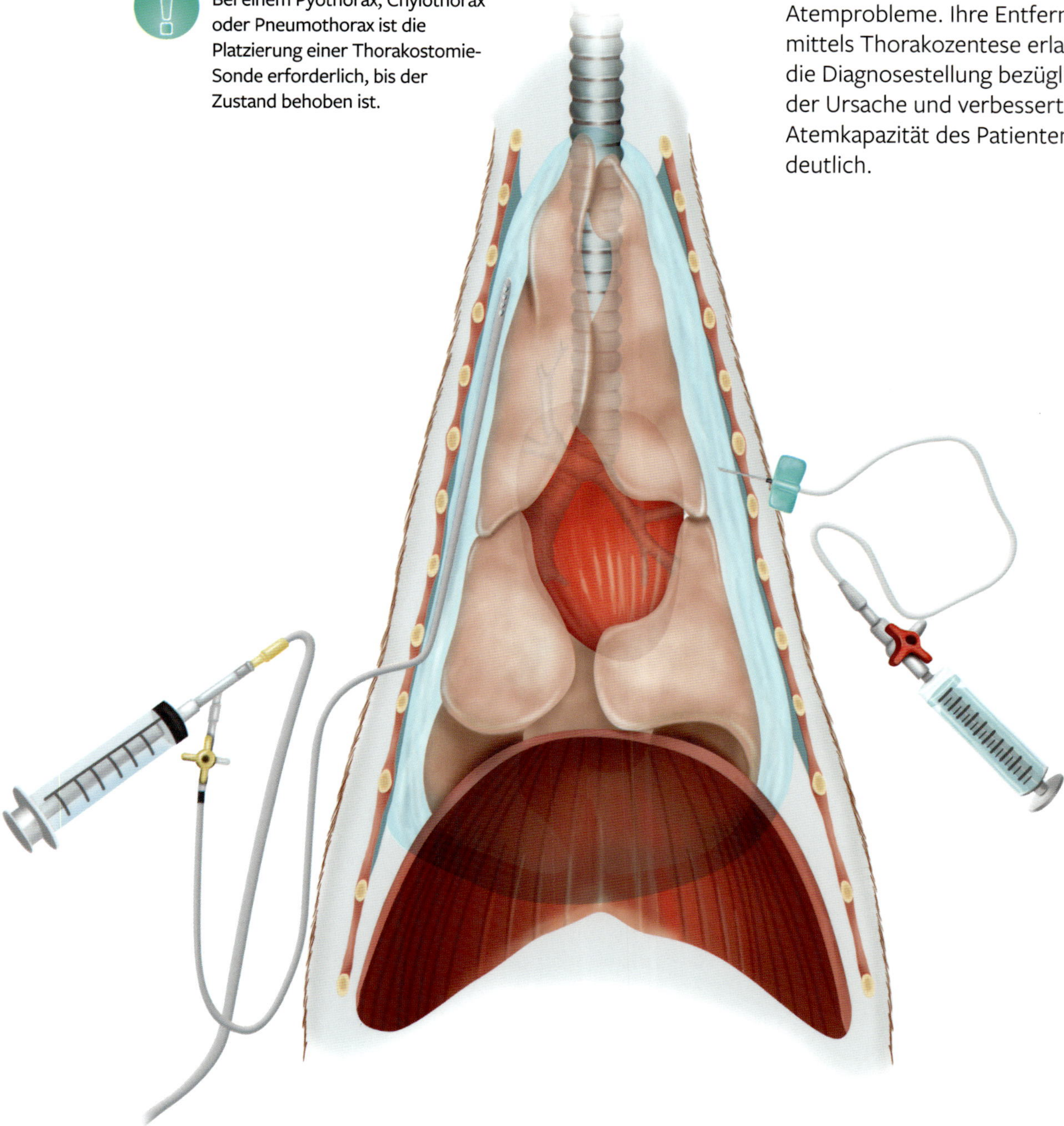

Thorakostomie mit Sonde

Bei einer Thorakostomie wird eine dünne Sonde im Pleuralraum platziert. Dadurch kann Flüssigkeit entfernt werden, die permanent nachgebildet wird.

Thorakozentese

Bei einer Thorakozentese wird eine pleurale Flüssigkeitsansammlung mittels Punktion der Thoraxwand mit einer dünnen Nadel abgesaugt.

4.5 Gewinnung von Liquor

Atlantookzipitale Punktion

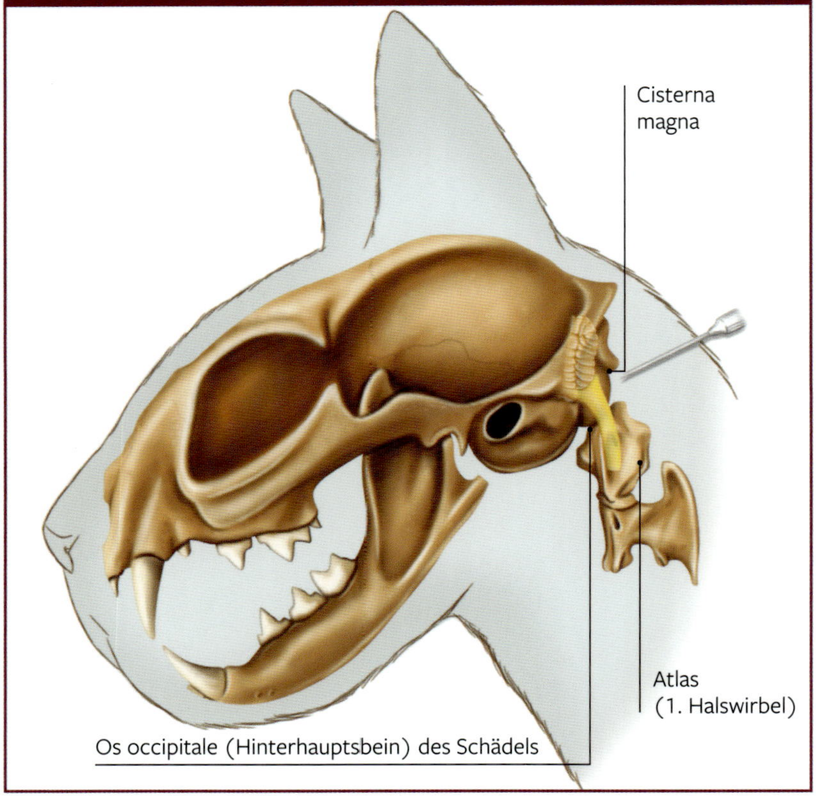

Der Liquor ist eine farblose Flüssigkeit, die Gehirn und Rückenmark umgibt. In bestimmten Situationen ist seine Untersuchung für eine genaue Diagnosestellung erforderlich: bei neurologischen Prozessen des zentralen Nervensystems, bakteriellen Infektionen oder Infektionskrankheiten.

Technik der Liquorgewinnung

- Die Katze wird anästhesiert, weil sie während des Eingriffs komplett stillliegen muss.
- Liquor kann mittels einer atlantookzipitalen oder einer lumbalen Punktion (zwischen L5/L6 und L6/L7) gewonnen werden.

Lumbalpunktion

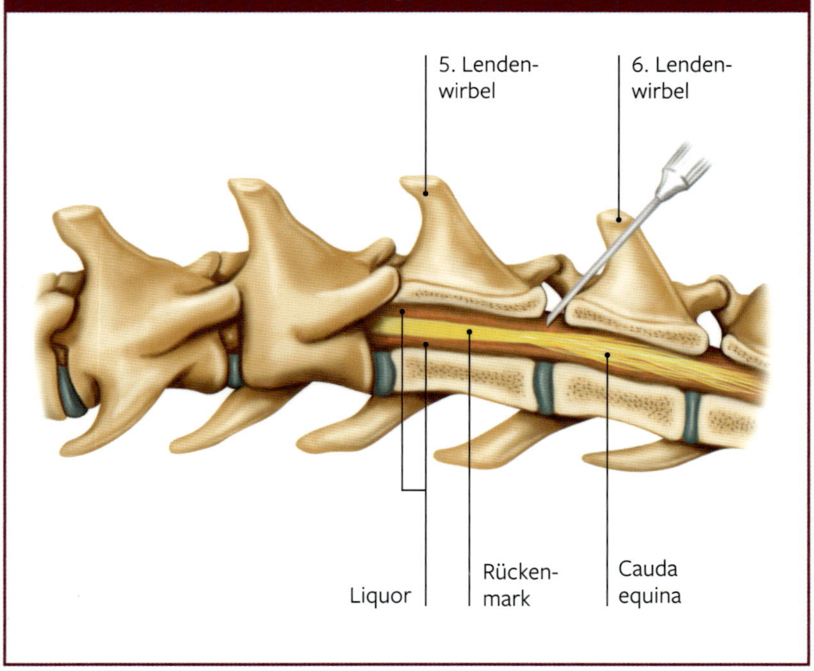

Durch Liquoranalysen und -kulturen können zelluläre Zusammensetzung, biochemische Eigenschaften und das Vorhandensein von Infektionserregern im Liquor bestimmt werden.

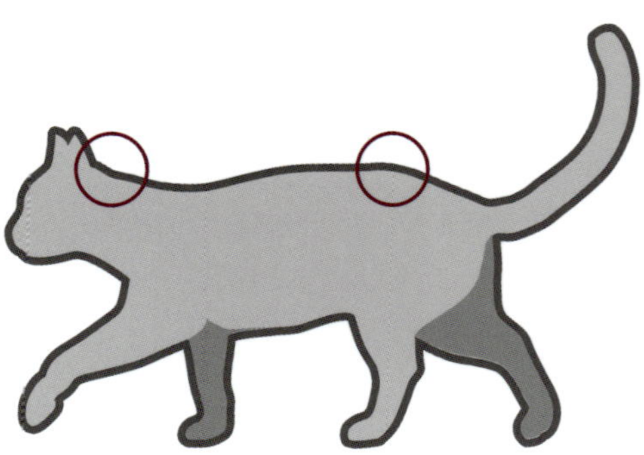

4.6 Verabreichung von Medikamenten

Subkutane Injektion

Eine große Hautfalte fassen und halten, während die Injektion parallel zum Katzenkörper erfolgt.

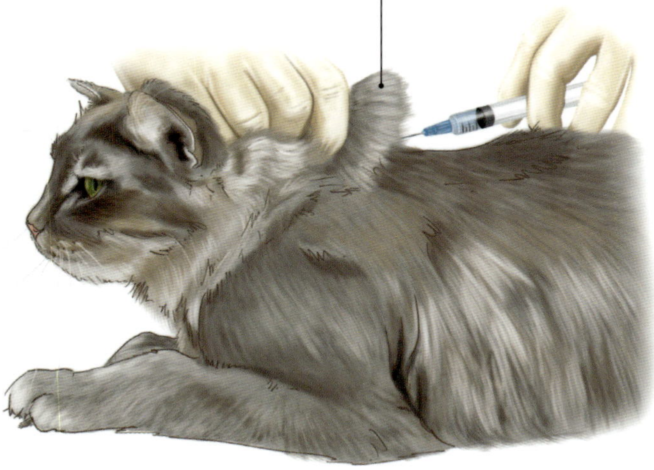

Augentropfen

Die Hand, welche die Augentropfen hält, auf dem Kopf der Katze abstützen und die Tropfen in das Auge fallen lassen.

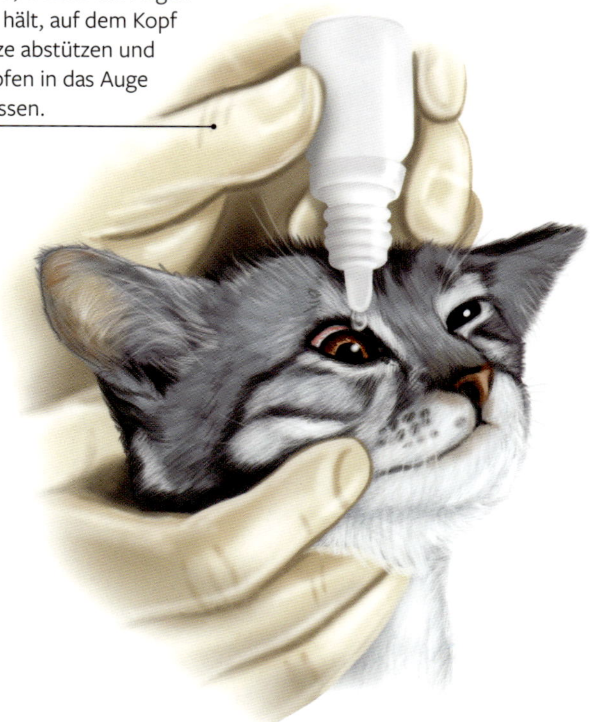

Medikamente sollten niemals unter das Futter gemischt werden, weil die Katze dadurch eine Aversion gegen das Futter entwickeln kann.

Medikamentenverabreichung über das Maul

- Die Tablette kann mit Fleisch, Brot oder Butter umgeben werden, um ihren Geschmack zu überdecken.
- Unmittelbar nach der Verabreichung von Medikamenten wie Doxycyclin oder Clindamycin sollte Wasser mit einer Spritze eingegeben werden.
- Tabletten können auch zermahlen und mit Wasser oder süßer Milch verabreicht werden (wenn dies aus tierärztlicher Sicht sinnvoll ist).
- Es ist möglich, statt einer Spritze einen Pillengeber zu verwenden.

5.1 Körperhaltungen und Verhaltensweisen von Katzen

Aggressive Körperhaltung

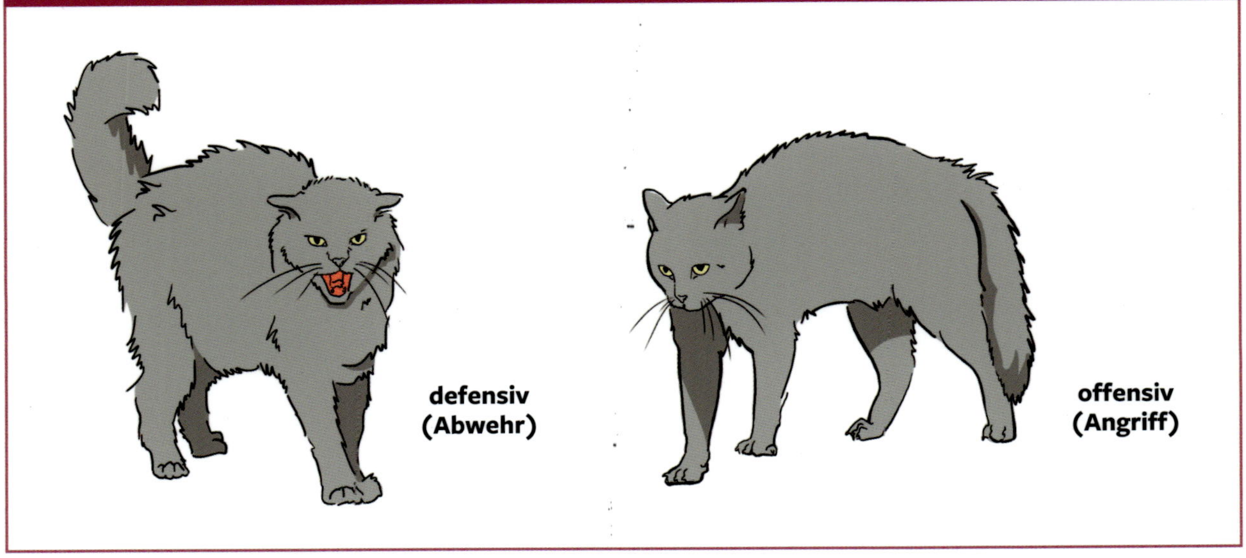

Typische Verhaltensweisen

5.2 Handling und Pflege neugeborener Welpen

Nach der Geburt ist es am besten, wenn die Mutter sich um ihren Nachwuchs kümmert. Hat die Kätzin keinen Mutterinstinkt, sollte sofort reagiert werden: die Atemwege reinigen und die Kitten aktiv trocknen, um die Atmung anzuregen. Nach 24 Stunden können die Kitten vorsichtig gehalten werden, um ihr Geschlecht zu erkennen und sicherzustellen, dass sie bei guter Gesundheit sind. Sie sollten an einem ruhigen Ort mit einer angemessenen Temperatur gehalten werden, mit Futter- und Wassernäpfen in der Nähe des Katzenbettes.

Die Position des Kätzchens bei der Milchaufnahme sollte so sein, wie sie natürlicherweise beim Saugen an der Mutter eingenommen wird: auf dem Bauch liegend mit gestrecktem Kopf. Das Kätzchen sollte in der Lage sein, seine Vorderpfoten auf den Flaschensauger oder auf die Hände des Betreuers zu legen. Die Trinkflasche ist nach jedem Gebrauch auszuwaschen und mindestens einmal täglich zu sterilisieren.

Während der ersten 3–4 Lebenswochen sollte der perianale Bereich mit einem warmen, feuchten Tuch leicht massiert werden, um Harn- und Kotabsatz anzuregen.

Pflege verwaister Kitten

- warme, konstante Umgebungstemperatur (Einsatz von Lampen, Wärmflaschen, Decken etc.):
  - 1. Woche: 30–32 °C
  - 2. Woche: 26–29 °C
  - ab der 3. Woche: 21–24 °C
- sauberer, bequemer Platz ohne Luftzug (z. B. Box mit einer Mindesthöhe von 15 cm, mit einem Handtuch oder einer Decke ausgelegt)
- Ernährung: spezielle Zubereitung für Kitten, angewärmt (35–38 °C), während der ersten Wochen alle 2–3 Stunden, verabreicht mittels einer speziellen Saugflasche oder einer Spritze (an einem Sauger befestigt, um eine Aspiration von Milch zu verhindern)